聚焦三农：农业与农村经济发展系列研究（典藏版）

农业旱灾脆弱性：
测度、影响与政策干预

程 静 著

本书研究获国家自然科学基金项目（71173086）支持
湖北省 2011 年度社会科学基金项目（2011LJ021）支持

科学出版社

北 京

内 容 简 介

近年来全球气候变暖加快，天气急剧变动引发农业自然灾害频发，旱灾发生的频度及破坏性程度愈演愈烈。本书选取旱灾脆弱性作为研究方向，首先对农业旱灾脆弱性的生成与演变规律进行阐述；然后以湖北省孝感市为研究领域，从社会经济的视角设计一个核心的旱灾脆弱性评价指数，基于层次分析法对农业旱灾脆弱性进行模糊综合评价，并运用主成分分析法深入分析影响旱灾脆弱性的社会经济因素。在此基础上实地调查孝感市农户对干旱指数保险的支付意愿。最后，在理论分析和定量评价孝感市农业旱灾脆弱性的基础上，从农户视角、金融产品创新视角及政府视角探索旱灾风险管理的对策措施。本书的研究对于科学测度农业旱灾脆弱性，改进我国旱灾风险管理效率具有重要指导意义。

本书可供农业经济管理、经济学、资源环境科学、生态学、社会学等学科领域的研究人员、科技工作者和高校师生参考，也可为政府及其相关部门管理人员制定农业风险管理政策提供参考。

图书在版编目（CIP）数据

农业旱灾脆弱性：测度、影响与政策干预 / 程静著 . —北京：科学出版社，2013（2017.3 重印）

（聚焦三农：农业与农村经济发展系列研究：典藏版）

ISBN 978-7-03-038582-6

I . ①农… Ⅱ . ①程… Ⅲ . ①农业-旱灾-研究 Ⅳ . ①S423

中国版本图书馆 CIP 数据核字（2013）第 215823 号

责任编辑：林 剑 / 责任校对：宣 慧
责任印制：赵德静 / 封面设计：耕者工作室

科学出版社 出版
北京东黄城根北街 16 号
邮政编码：100717
http://www.sciencep.com

北京京华虎彩印刷有限公司 印刷
科学出版社发行 各地新华书店经销

*

2013 年 8 月第 一 版 开本：B5（720×1000）
2013 年 8 月第一次印刷 印张：14 1/4
2017 年 3 月印 刷 字数：303 000
定价：98.00 元
（如有印装质量问题，我社负责调换）

总　　序

　　农业是国民经济中最重要的产业部门，其经济管理问题错综复杂。农业经济管理学科肩负着研究农业经济管理发展规律并寻求解决方略的责任和使命，在众多的学科中具有相对独立而特殊的作用和地位。

　　华中农业大学农业经济管理学科是国家重点学科，挂靠在华中农业大学经济管理学院和土地管理学院。长期以来，学科点坚持以学科建设为龙头，以人才培养为根本，以科学研究和服务于农业经济发展为己任，紧紧围绕农民、农业和农村发展中出现的重点、热点和难点问题开展理论与实践研究，21世纪以来，先后承担完成国家自然科学基金项目23项，国家哲学社会科学基金项目23项，产出了一大批优秀的研究成果，获得省部级以上优秀科研成果奖励35项，丰富了我国农业经济理论，并为农业和农村经济发展作出了贡献。

　　近年来，学科点加大了资源整合力度，进一步凝练了学科方向，集中围绕"农业经济理论与政策"、"农产品贸易与营销"、"土地资源与经济"和"农业产业与农村发展"等研究领域开展了系统和深入的研究，尤其是将农业经济理论与农民、农业和农村实际紧密联系，开展跨学科交叉研究。依托挂靠在经济管理学院和土地管理学院的国家现代农业柑橘产业技术体系产业经济功能研究室、国家现代农业油菜产业技术体系产业经济功能研究室、国家现代农业大宗蔬菜产业技术体系产业经济功能研究室和国家现代农业食用菌产业技术体系产业经济功能研究室等四个国家现代农业产业技术体系产业经济功能研究室，形成了较为稳定的产业经济研究团队和研究特色。

　　为了更好地总结和展示我们在农业经济管理领域的研究成果，出版了这套农业经济管理国家重点学科《农业与农村经济发展系列研究》丛书。丛书当中既包含宏观经济政策分析的研究，也包含产业、企业、市场和区域等微观层面的研究。其中，一部分是国家自然科学基金和国家哲学社会科学基金项目的结题成果，一部分是区域经济或产业经济发展的研究报告，还有一部分是青年学者的理论探索，每一本著作都倾注了作者的心血。

　　本丛书的出版，一是希望能为本学科的发展奉献一份绵薄之力；二是希望求教于农业经济管理学科同行，以使本学科的研究更加规范；三是对作者辛勤工作的肯定，同时也是对关心和支持本学科发展的各级领导和同行的感谢。

李崇光

2010 年 4 月

序

我国是一个干旱灾害明显的国度，特别是干旱持续时间长、范围广、旱情重等给农业生产造成了很大影响。2009 年春天的黄淮海平原大旱、2009 年秋冬至2010 年春天长达 9 个月的西南五省（自治区、直辖市）百年一遇的特大旱灾、2011 年长江中下游地区的罕见旱灾，特别是云南"四年连旱"（2010~2013 年）给我国农业生产与粮食安全构成了严重威胁。湖北省是我国农业大省，2011 年上半年长江流域的大旱也再次说明了水资源丰富的地域也同样需要高度重视并提高防旱抗旱的能力。党的"十八大"报告也强调要增强城乡防洪、抗旱、排涝能力，加强防灾减灾体系建设。2013 年中央 1 号文件提出，加大对中西部地区生产大县农业保险保费补贴力度，适当提高部分险种的保费补贴比例，推进建立财政支持的农业保险大灾风险分散机制。因此，探索防范和化解旱灾风险的途径，已经刻不容缓。干旱灾害是干旱风险和社会经济脆弱性相互作用的结果。减灾应从减小致灾因子的风险性和降低灾害脆弱性两方面入手。程静博士的《农业旱灾脆弱性：测度、影响与政策干预》一书对这方面的问题进行了系统的研究，具有一定的实际应用价值。

程静博士多年来一直从事农业风险与保险的研究，在华中农业大学攻读博士学位期间，她系统地学习了农业风险与保险的理论，掌握了数量经济学的分析方法，为研究该问题奠定了基础。该书以旱灾脆弱性作为切入点系统阐述了农业旱灾风险管理的路径，理论观点具备对研究对象的解释力。该书对农业旱灾脆弱性生成与演变规律进行了较全面的研究；构建了农业旱灾脆弱性评估的测度指数，对孝感地区旱灾脆弱性进行了较详细的分析，获得了县域间的脆弱性差异，并分析了各指标与旱灾脆弱性的相关关系与影响程度的大小。该书还利用 Logistic 回归模型分析了农户投保意愿与保险困境，在此基础上提出了利用天气指数保险与天气衍生品等金融产品来应对农业旱灾的风险管理路径，为进一步解决农业保险问题提供了新思路。

该书的研究创新主要体现在两个方面：①以旱灾脆弱性作为切入点系统阐述农业旱灾风险管理的路径。在农业旱灾脆弱性测度指标设计中，研究成果突破单纯考虑传统的地理、水文等自然因素的影响，从社会经济的视角出发，全面选择了旱灾脆弱性的测度指标，构建了农业旱灾脆弱性核心测度指数。在测度指数合成方法上，该书分别选择基于层次分析法的模糊综合评价和因子分析法，而不是简单算术加权法，能够更客观的反映农业旱灾脆弱性状况的变化。②基于金融产品创新（包括天气指数保险与天气衍生品）的视角分析应对农业旱灾脆弱性的风险管理路径，并针对孝感地区的干旱状况，系统论述天气指数保险契约的设计以及用天气衍生工具套期保值干旱灾害风险的几种可行方式。这种研究尝试对建立我国天气衍生产品交易市场、提供新型天气避险工具具有基础性的意义。

该书对我国旱灾风险管理具有重要的理论意义与实际应用价值，但是由于各种原因，该书对该问题的研究不可能尽善尽美，还存在一些不足之处。我希望对这一领域有研究兴趣的人士能够在该书的基础上，进行进一步的深化研究，从而为我国农业旱灾保险与农业旱灾风险管理提出更加有效可行的政策建议。

陶建平

2013 年 5 月

前　言

随着世界各国工业化和城镇化步伐的加快，全球气候面临着严峻的挑战。特别是近年来全球气候变暖加快，天气急剧变动引发农业自然灾害频发，旱灾发生的频度及破坏性程度愈演愈烈。我国是一个干旱灾害明显的国度，特别是干旱持续时间长、范围广、旱情重等给农业生产造成了很大影响。2009 年春天的黄淮海平原大旱，以及 2009 年秋冬至 2010 年春天的西南特大重度旱灾给我国农业生产与粮食安全构成了严重威胁。较高的旱灾发生频率与严重的损失导致众多学者越来越重视旱灾脆弱性问题的研究。干旱灾害是旱灾风险和社会经济脆弱性相互作用的结果。减灾应从减小致灾因子的风险性和降低灾害脆弱性两方面入手。因此，对农业旱灾脆弱性进行测度，分析农业旱灾脆弱性的原因，找出降低农业旱灾脆弱性的方法，探索防范和化解旱灾风险的途径，已经刻不容缓。正是基于这样的思考，笔者开展了本书的写作——农业旱灾脆弱性：测度、影响与政策干预。

本书选取了旱灾脆弱性作为研究方向，首先对农业旱灾脆弱性生成与演变规律进行阐述。然后以湖北省孝感市为研究领域，从社会经济的视角设计一个核心的旱灾脆弱性评价指数，基于层次分析法对农业旱灾脆弱性进行模糊综合评价，并运用主成分分析法深入分析影响旱灾脆弱性的社会经济因素。在此基础上实地调查孝感市农户对干旱指数保险的支付意愿。最后，在理论分析和定量评价湖北省孝感市农业旱灾脆弱性的基础上，从农户视角、金融产品创新视角及政府视角探索旱灾风险管理的对策措施。这对于农业系统防旱、抗旱、治旱具有重要意义，也可以为政府相应的减灾政策措施的制定和实施提供理论依据。

本书认为，旱灾影响在很大程度上取决于旱灾发生时社会的脆弱性，干旱灾害是旱灾风险和社会脆弱性相互作用的结果。人均国内生产总值、人均耕地面积、耕地灌溉率、农民工资性收入占比、财政总收入、财政总支出、全社会固定资产投资、教育支出占财政支出比例等因素都是影响农业旱灾脆弱性的重要指标。合适的风险管理方式能有效帮助农民应对天气灾难，减轻脆弱性程度，从而减轻灾难损失。例如，天气指数保险和天气衍生品都能提供强有力的支持，缓冲人们可能遇到的风险损失。同时，这些风险产品的使用也能潜在提升政策决策者及普通民众的风险意识，促使人们主动采取措施应对风险而不是消极等待风险的发生。在我国缺乏有效的农业保险市场的背景下，政府的参与在防旱抗灾工作中起着非常重要的作用，如政府补贴等。当然，政府的干预也会产生一些消极影响，如寻租、道德风险及挤出效应等问题。因此，提高信息的透明度、降低行政成本及提高旱灾风险管理的技术水平等举措至关重要。

本书拟开发两个潜在的政策计划：一是从被动应对的危机管理方法到主动的风险管理方法的转变，这种转变通过建立干旱灾害安全网来实现，能有效防范或减轻旱灾的形成与破坏影响。二是实施基于风险转移和风险保护机制的干旱指数保险和天气衍生品。

希望本书对于丰富经济学、农业经济管理、资源环境科学、社会学等学科内容，完善农业风险管理与保险领域的研究体系，以及把天气指数保险的研究推向一个新的广度，能起到一定的推动作用。希望本书对于科学测度旱灾脆弱性，设计旱灾指数保险契约提供现实和理论依据，为政府制定相关政策提供理论依据和第一手的调查资料，为提高我国旱灾风险管理效率提出一些有益的意见和建议。同时，也希望本书能有助于读者更好地认识旱灾脆弱性与旱灾的相互作用，从经济、社会、政治视角认识影响旱灾脆弱性的因素，从而树立更加科学合理的防旱抗旱意识。

本书在编写过程中引用了相关专家学者的研究成果，虽然已有标注和说明，但不可避免地存在遗漏之处，谨向他们表示感谢！学海无涯，笔者水平有限，书中难免还有不妥之处，恳请广大读者批评指正。

程 静

2013 年 6 月

目　　录

1 绪 论

"尧禹有九年之水，汤有七年之旱，而国无捐瘠者，以畜积多而备先具也。"①

——西汉·晁错《论贵粟疏》

1.1 研究背景

农业是一个弱质性行业，其面临的自然灾害风险明显大于其他行业，如洪水、干旱、飓风等自然灾害都会使农作物减产或绝收。特别是近年来全球气候变暖加快，天气急剧变动引发农业自然灾害频发，其发生的频度及破坏性程度呈愈演愈烈之势。随着自然灾害发生强度、频度和广度的不断增长，如何防灾减灾成为当今国际社会及学术界普遍关注的热点问题。

在世界各地，旱灾在自然灾害影响中排名第一，是造成农业经济损失最大的自然灾害之一（郑远长，2000）。据统计，近几十年来，全球各类自然灾害所造成的损失中，干旱灾害占60%，是造成损失最大的灾害。特别是伴随全球变暖、海平面上升、快速城市化，人口和经济高度集聚，干旱灾害的频率和强度呈日益增加趋势，干旱灾害引发的损害也日益加剧，直接或间接地对人类社会和经济发展造成巨大影响，严重威胁着农业生产，以及农民的生命财产安全和生计安全，制约着区域经济社会的可持续发展。如何减少干旱灾害的损失，建立干旱灾害风险管理机制，一直是干旱灾害风险管理战略的主要目标，也是灾害研究与管理工作者努力的方向。

---

① 《论贵粟疏》是一篇创作于西汉时期的散文，作者晁错。这篇文章观点精辟，分析透彻，逻辑谨严，文笔犀利，具有汪洋恣肆的气势和流畅浑厚的风格。捐瘠（jí）：被遗弃和瘦弱的人。捐，抛弃；瘠，瘦。全句译为尽管唐尧、夏禹之时有过九年的水灾，商汤之时有过七年的旱灾，但那时没有因饿死而被抛弃和饿瘦的人，这是因为储藏积蓄的东西多，事先早已做好了准备。

孝感市地处湖北省中北部偏东，长江以北，汉水正东，属典型的东亚副热带季风气候。受地理特征和全球气候变暖的影响，该地区暴雨、干旱等灾害频繁发生，既易洪涝，又易干旱。旱涝等气象灾害是导致农业发展不稳定、农民收入增长缓慢的主要因素。同时，孝感市也是中部地区的一个农业大市，是全国重要的商品粮、棉、油和淡水产品的生产基地。

尽管孝感水资源比较丰富，全市多年平均降水量为1112mm，但因降水量年际变化大；时程分布不均；地域分布不均，降水量分布大致由东南向西北递减，年降水量南北差约250mm，从而该市常出现南涝北旱的现象。新中国成立后，孝感市已出现多次干旱，如1978年大旱、1988年特大干旱等（表1-1）。

表1-1 孝感市各站1959~2001年夏季特大干旱年份基本资料

年份	代表站	起始日期/(月.日)	干旱天数/d	干旱期高温天数/d	干旱期降雨量/mm	降水量距平百分比/%	干旱期蒸发量/mm	干燥度/K	历史位次
1959	应城	7.2	81	32	8.3	-97.4	734.0	88.4	1
1966	云梦	7.8	107	22	39.2	-89.9	891.6	22.7	3
1972	应城	6.29	74	9	50.7	-84.6	517.4	10.2	6
1974	汉川	7.16	75	1	55.1	-80.5	463.4	8.4	9
1978	广水	6.27	116	25	51.5	-89.1	996.8	19.4	2
1984	应城	7.22	65	12	42.4	-80.4	442.0	10.4	8
1990	安陆	7.20	88	15	52.3	-82.1	514.5	9.8	5
1999	大悟	7.2	88	16	100.5	-77.2	532.4	5.3	7
2001	孝感	6.19	109	26	68.2	-83.0	869.3	12.7	4

注：广水市现已划归随州市管辖

资料来源：邓兴旺和蔡静菲，2003

2000年孝感市春旱严重，3月1日至5月20日累计降水量仅23.8~64.5mm，为历史同期最少，造成27.33万hm²农作物受旱和95万人饮水困难。

2001年孝感市特大夏秋干旱，发生时间为有气象记录以来同期最早，持续时间达109天之久，仅次于1978年，降水量为历史同期最少。这次特大干旱对农业、林业、畜牧业、水产业及其他农副业生产造成了极其严重影响，全市55个乡镇708个村中有66.2万人、32万头大牲畜发生饮水困难，直接经济损失15.2亿元，是该市改革开放20多年来旱灾损失最为严重的一年。全市受旱面积26.27万hm²，因灾绝收4.93万hm²，0.87万hm²晚稻无水插秧。其中，农作物受旱面积 19.53 万 hm^2，占农作物总面积的 83%，成灾面积 11.40 万 hm^2，绝收面积 3.80 万 hm^2；林果基地受旱 4.33 万 hm^2，占基地总面积的 78%，有 0.47 多万 hm^2 因灾造成了毁灭性损失；水产养殖受旱面积为 2.40 hm^2，占放养水面的 41%，绝收 0.73 万 hm^2（邓兴旺和蔡静菲，2003）。

2006 年 5 月 13 日至 6 月 15 日，孝感市北部总降雨量不到 40mm，期间未出现透墒雨，旱灾造成孝昌县稻田干裂、水塘干涸、部分中稻因缺水不能移栽。

2009 年孝感市出现 50 年一遇的持续高温干旱。孝昌县花西乡处于丘陵岗地，地势较高、气候干旱、水源缺乏，受此次旱灾影响，花西乡约 3333 hm^2 中稻在即将收割的关键时期受到不同程度的干旱灾害影响。

20 世纪 50～90 年代，孝感市受旱的农田面积均呈逐年增加趋势。平均受灾经济损失从 20 世纪 50 年代始呈现明显的增加趋势，发生次数也明显增多。

1.2　研究目的和意义

1.2.1　研究目的

干旱是指一定时段内无雨或少雨造成的空气干燥和土壤缺水，不足以满足人的生存和经济发展的气候现象。干旱是长期存在的自然现象，其主要原因是缺少降水。影响干旱的人为因素包括人口增长和农业方面对水的需求增加，以及土地使用情况的改变等。而旱灾却不同，旱灾是指干旱对人类社会的生产、生活及生态环境造成的不良后果。旱灾不仅会使农业受损，农作物遭到破坏而减产或歉收从而带来粮食问题，甚至引发饥荒；严重的还影响到工业生产、城市供水和生态环境。旱灾是偶发性的自然灾害，即使在水量丰富的地区也可能会因一时的气候异常而导致旱灾。干旱是旱灾的前提，旱灾是干旱致灾因子与脆弱性相互作用的结果。致灾因子是灾害形成的直接影响因素，而脆弱性是灾害形成的根本原因。在同一致灾强度下，灾情随脆弱性的增强而加重（梁红梅，2006）。灾害学理论认为减灾应从减小致灾因子的风险性和降低灾害脆弱性两方面入手。由于科学水平所限，目前人们对于致灾因子只能了解其作用机制，还不能改变其发生过程，也无法完全规避其风险，所以，降低承灾体的脆弱性就成为减灾的主要途径（史培军，1996）。伴随着世界各国工业化和城镇化步伐的加快，全球气候面临着严峻的挑战。特别是近年来全球气候变暖加快，天气急剧变动引发农业自然灾害频发，旱灾发生的频度及破坏性程度愈演愈烈。因此，降低农业旱灾的脆弱性成为减灾、防灾和治灾的根本。

以往干旱灾害管理大部分强调旱灾的反应和恢复，较少注意缓解、准备、预报和监测。近些年来，旱灾损失的增加说明旱灾脆弱性程度增加。旱灾风险管理主要包括脆弱性评估，因为脆弱性在灾害和社会间的关系中起着关键作用。评估脆弱性的目的是在潜在损害被意识到之前采取恰当的行动去降低脆弱性。

本书选取了旱灾脆弱性作为研究方向，首先对农业旱灾脆弱性生成与演变规律进行阐述。然后以孝感市为研究领域，从社会经济的视角设计一个核心的旱灾脆弱性评价指数，基于层次分析法对农业旱灾脆弱性进行模糊综合评价，并运用主成分分析法深入分析影响旱灾脆弱性的社会经济因素。在此基础上实地调查孝感市农户对干旱指数保险的支付意愿。最后，在理论分析和定量评价孝感市农业旱灾脆弱性的基础上，从农户视角、金融产品创新视角及政府视角探索旱灾风险管理的对策措施。这对于农业系统防旱抗旱治旱具有重要意义，也可以为政府相应的减灾政策措施的制定和实施提供理论依据。

虽然旱灾不可消除，但可通过旱灾前的计划降低旱灾脆弱性，或利用分散风险的干旱保险工具来减轻旱灾给农户带来的损失。

本书拟开发两个潜在的政策计划：一是从被动应对的危机管理方法到主动防控的风险管理方法的转变，这种转变拟通过降低旱灾脆弱性来达到。旱灾是干旱致灾因子与脆弱性相互作用的结果，降低旱灾脆弱性能有效防范或减轻旱灾的形成与破坏影响。二是基于风险转移和风险保护机制的干旱指数保险和天气衍生品的实验实施。

本书写作的目的主要是期待通过理论研究和实证分析得出一些有价值研究成果，为农业旱灾脆弱性建立相对科学的评价指标体系和测度方法，为改进我国旱灾风险管理效率提出一些意见和建议，并为政府决策提供参考。

1.2.2 研究意义

干旱是一种非常复杂的现象，缺乏普遍的定义和具体标准，因此旱灾脆弱性的评估是一项挑战性的工作。20 世纪 80 年代以来，人们在实践中逐渐认识到社会经济和人类活动严重影响到旱灾的形成及其所造成的损失程度。具体来说，开展农业旱灾脆弱性研究具有一定的理论意义和现实意义。

从理论层面看，现有的研究多从农业、气象、水文和地理等不同视角进行，减灾措施多集中于工程技术方面，干旱灾害管理大部分强调旱灾的反应和恢复，较少注意缓解、准备、预报和监测。因此，本书试图从社会经济的视角设计一个核心的旱灾脆弱性评价指数，深入分析影响旱灾脆弱性的社会经济因素，并建立起一个制度性的防灾减灾安全网的分析框架，最后在实证研究的基础上设计干旱指数保险和天气衍生品。因此，本书对农业旱灾脆弱性的分析具有较大的理论意义。

从现实层面看，由于干旱发生缓慢、范围广，目前国内干旱保险还处于尝试阶段，而旱灾每年造成的损失却是巨大的，大多数贫困地区的农民往往因灾返贫致贫。确定区域的农业旱灾脆弱性可以帮助决策者从脆弱性的视角考虑旱灾，把旱灾脆弱性纳入自然资源的规划中；并根据脆弱性信息寻求缓解旱灾的措施，尽量减少其可能造成的损失。虽然干旱被认为是经常性和不可避免的气候，人们在其发生之前很难制订计划以减轻其发生的概率，但旱灾的早期预警与规划是至关重要的。孝感市作为"武汉城市圈1+8"城市之一，是一个农业产粮大市，也是一个旱灾比较严重的区域。历年的旱灾情况也说明人们抵御和防治旱灾能力不强，旱灾已经成为制约孝感农业经济可持续发展和摆脱贫困的重要因素。因此，在理论分析和定量评价孝感市农业旱灾脆弱性的基础上，因地制宜地采取措施降低农业旱灾脆弱性，提高抵御和防治农业旱灾的能力，并探索旱灾风险管理的金融产品创新路径，这对中部崛起战略的实施、"武汉城市圈"的发展、新农村建设的新要求及农业可持续发展具有重要意义。

1.3 相关概念的诠释

本书主要论述农业旱灾脆弱性问题，因而涉及"干旱""脆弱性"概念及和它相关的几个概念，如旱灾脆弱性、旱灾风险、干旱灾害等。为了准确把握这些概念的内涵和外延，我们有必要对这些概念进行辨析。

1.3.1 脆弱性的含义

脆弱性最早用于灾害学领域。20世纪80年代末90年代初，气候变暖问题受到国际广泛关注，1988年成立了政府间气候变化专门委员会（Intergovernmental Panel on Climate Change，IPCC）。IPCC分别于1990年、1996年及2001年三次出版评估报告，对气候变化的脆弱性进行逐步深入的研究。1990年，IPCC出版第一次评估报告，对气候变化的脆弱性进行初步的论述（IPCC，1990），脆弱性问题开始受到普遍关注。1996年IPCC出版了第二次评估报告，将脆弱性初步定义为：一个自然或社会系统容易遭受到来自气候变化持续危害的范围或程度，是一个系统对气候变化的敏感性（系统对给定气候变化情景的反映，包括有益的和有害的影响）和系统对气候变化适应能力（在一定气候变化情景下，通过实践、过程或结构上的调整措施能够减缓或弥补潜在危害或可利用机会的程度）的函数（IPCC，1996）。1997年IPCC又出版了《气候变化区域影响：脆弱性评估》特别报告，对气候变化脆弱性的评估范围、问题的本质及评估方法进行了详细的介绍，为气候变化脆弱性研究提供了科学的参考和指导作用（IPCC，1997）。在2001年IPCC第三次评估报告《气候变化2001：影响、适应性和脆弱性》中进一步明确了气候变化敏感性、适应性和脆弱性的定义。敏感性是指系统受到与气候有关的刺激因素影响的程度，包括有利影响和不利影响。适应性是指系统的活动、过程或结构本身对气候变化的适应、减少潜在损失或应付气候变化后果的能力；适应性既包括自然界、系统本身的作用，又包括人为的作用，特别是与系统自身调节、恢复的能力，社会经济的基础条件，以及人为影响、干预有关。脆弱性是指气候变化，包括气候变率和极端气候事件对该系统造成的不利影响的程度，是系统内的气候变率特征、幅度和变化速率及其敏感性和适应能力的函数（IPCC，2001）。目前，IPCC关于脆弱性的定义在气候变化研究领域已得到普遍认可（孙芳和杨修，2005）。

脆弱性这一概念被广泛运用，但在理论上并没有一个明确的表述，不同学者从不同角度赋予了脆弱性纷繁多样的定义。灾害学家认为脆弱性是指个体或群体受自然灾害影响程度及从事件影响中恢复程度的度量；社会学家则认为脆弱性是由决定人们应对压力和变化能力的一系列社会经济因素构成。1979年联合国救灾组织（United Nations Disaster Relief Office，UNDRO）将脆弱性定义为：脆弱性表示灾害（自然事件，包括它们的强度、力量和持续时间）和风险（暴露在灾害事件中的概率）之间的关系。美国农业部的 Reilly（1996）将脆弱性定义为：在一定地区，很难通过适应措施改变的气候变化负面影响的程度。联合国粮食及农业组织（Food and Agriculture Organization of the United Nations，FAO）将脆弱性定义为：导致地方居民食物安全或营养不良问题的因素（唐为安，2007）。Brwks（2005）认为脆弱性是个人和社会团体的应对能力，即去应付、恢复或适应对他们的生活和福利有影响的任何外部压力。在灾害学界，Burton 等（1993）认为脆弱性是指承灾体对破坏和伤害的敏感性，即易损性。敏感性和易损性是衡量灾害损失和受损程度的标准。还有学者认为脆弱性是指自然灾害对人类和社会破坏与伤害的状态，更多的用来指人或人群对灾害的预见、抵御、防治与恢复的能力。这种能力受社会政治体制、经济体制、人的科技文化素养、心理状况、生理状况及收入水平的影响。

　　脆弱性有许多定义，但它们都含有一个共同点，即指社会对灾害的敏感性程度会因灾害暴露因素或处理能力的变动而变动。总之，这个概念包括以下几个特征：①它是模糊的，不能直接或确切地测量，但可以通过指标估计。②不能确切计算出脆弱性影响因素的程度。例如，收入高，敏感性明显低，但敏感性到底怎样随收入水平变化而变化，这很可能是多种因素相互作用的结果。③影响因素和敏感性之间的关系往往是非线性的。例如，收入水平高，敏感性往往非常低，然而随着收入的进一步提高，敏感性并不随之成比例降低。考虑到这些不确定因素，我们推测量化敏感性必须考虑到概念的不精确性和其他的影响因素。

1.3.2　干旱

　　干旱是指长期无雨或少雨，使土壤水分不足、作物水分平衡遭到破坏而减产的气象灾害。美国气象学会在总结各种干旱定义的基础上将干旱分为气象干旱、农业干旱、水文干旱和社会经济干旱。

　　其中，气象干旱指持续的不正常的干燥天气导致缺水而引起严重水文不平衡，最明显的表现是降雨量持续低于某一正常值。气象干旱也称大气干旱，根据我国气象干旱等级的国家标准，气象干旱是指某时段内，由于蒸发量和降水量的收支不平衡，水分支出大于水分收入而造成的水分短缺现象。气象干旱通常主要以降水的短缺作为指标。

农业干旱是指在农作物生长发育过程中，因降水不足、土壤含水量过低和作物得不到适时适量的灌溉，致使供水不能满足农作物的正常需水，而造成农作物减产。体现干旱程度的主要因子有：降水、土壤含水量、土壤质地、气温、作物品种和产量，以及干旱发生的季节等。

水文干旱侧重地表或地下水水量的短缺，指在河流、水库、地下水含水层、湖泊和土壤中低于平均含水量的时期。如果在一段时期内，流量持续低于某一特定的阀值，则认为发生了水文干旱，阀值的选择可以依据流量的变化特征，或者根据水需求量来确定。

社会经济干旱是指由于经济、社会的发展需水量日益增加，以水分影响生产、消费活动等来描述的干旱。其指标常与一些经济商品的供需联系在一起，如建立降水、径流和粮食生产、发电量、航运、旅游效益以及生命财产损失等有关。

在四类干旱中，气象干旱是一种自然现象，最直观地表现在降水量的减少，而农业、水文和社会经济干旱更关注人类和社会方面。气象干旱是其他三种类型干旱的基础。由于农业、水文和社会经济干旱的发生受到地表水和地下水供应的影响，其频率小于气象干旱。当气象干旱持续一段时间，就有可能发生农业、水文和社会经济干旱，并产生相应的后果。经常是在气象干旱发生几周后，土壤水分不足导致农作物、草原和牧场受旱才表现出来。从本质上讲，其他三类干旱都是气象干旱的影响结果，其发生都晚于气象干旱。相对而言，气象干旱较为敏感，可迅速发展，也可突然结束，它发生的最早，结束也最早。几个月的持续气象干旱才导致江河径流、水库水位、湖泊水位、地下水位下降，出现水文干旱，水文干旱在气象干旱结束后仍会持续较长时间。一般，农业干旱爆发晚于气象干旱的时间取决于前期地表土壤水分状况，而水文干旱爆发晚于气象干旱的时间则取决于水库和湖泊储水及产流过程。当水分短缺影响到人类生活或经济需水时，就发生社会经济干旱。社会经济干旱又是气象干旱、农业干旱、水文干旱等所有干旱的最终影响结果，它将社会经济活动和商品供需与气象、农业和水文干旱相联系。所以，社会经济干旱比其他任何类型干旱发生得都晚，可以通过对其他所有类型干旱的监测对其进行早期预警（张强等，2011）。

1.3.3　干旱与旱灾

"干旱"（drought）与"旱灾"（drought disaster）是两个不同的概念，两者有着本质的区别。干旱是因长期少雨而空气干燥、土壤缺水的气候现象。而旱灾的形成则与人们抵御干旱的能力有关，旱灾是指水的供给量已明显不能满足人类及其赖以生存的社会和自然环境对水的需求，干旱已经产生了一定的破坏性，对社会生产及人们生活造成了损害。它不仅表明已经有干旱现象出现，而且社会或自然系统已经明显受到其不利影响。

需要注意的是，并不是所有的干旱都引起旱灾，一般的，只有在正常气候条件下水资源相对充足，较短时间内由于降水减少等原因造成水资源短缺，造成对生产生活的较大影响，才可以称为旱灾。例如华北地区属于半湿润区，其春季、夏季的干旱对其农业生产造成巨大影响，可以称作旱灾。而我国西北温带大陆性气候区，其气候特征是常年降水少，气候干旱，人们已经习惯了其干旱的气候，所以此地一般的干旱不能称作旱灾。

1.3.4　旱灾脆弱性与旱灾风险

20世纪60年代以来，受全球气候变暖的影响，干旱灾害不断暴发并呈现出与以往不同的特征。传统的理论从气象水文因素本身来解释干旱灾害的发生越来越缺乏说服力，这迫使人们放弃传统的思维方式，从社会经济的角度来解释干旱灾害发生的根源，在这一背景下旱灾脆弱性概念应运而生。

农业旱灾脆弱性是指农业系统所受旱灾的损害程度或抵御旱灾的能力。它不仅取决于暴露的外部风险，而且也受内部风险因素的影响，主要包括敏感因素和恢复能力两个影响因素。

风险本意是指冒险和危险，可以理解为具有一定危险的可能性，或者说是有可能发生危险而形成灾难。联合国开发计划署认为风险是由自然或人为诱发危险因素和脆弱的条件相互作用而造成的有害后果的概率，或生命损失、人员受伤、财产损失、生计无着、经济活动受干扰（或环境破坏）等的预期。自然灾害研究中通常认为灾害风险指的是灾害活动及其对人类生命财产破坏的可能。风险与灾难（或称为巨灾）不同，风险是尚未发生的灾难，风险只是一个可能性概念。Wilhelmi and Wilhite（2002）指出农业旱灾风险是致灾因子危险性和承灾体脆弱性相互作用的结果。

综合起来看，农业旱灾风险的界定表现在以下几个方面：①不确定性。干旱是在一种不确定的环境中发生的，受降雨量、蒸发量等不确定因素的影响；且当事人不能对其准确预期。②或然性。旱灾风险的存在及发生服从某种概率规律，以一种或然规律存在和发生着，可以用统计学上的方差来代表并计算风险。③损益性。与其他的风险活动可能给经济带来损失或收益不同，讨论旱灾风险只考虑其所带来的损失方面。④扩散性。旱灾风险不是某种孤立的风险，它可能扩散、辐射到经济运行的多个方面。可见，农业旱灾风险指长时期降水偏少和土壤缺水使农作物和牧草体内水分亏缺，影响农作物播种和牧草返青，影响农作物和牧草正常生长发育，导致农牧业减产或农户收入损失的可能性。

从两者的含义中可知，旱灾脆弱性和旱灾风险有着密不可分的关系。一方面，农业旱灾脆弱性是高风险累积状态及演变所造成的。风险越大，其脆弱性程度就越高，两者呈同向关系。另一方面，脆弱性的存在又会进一步引发新的风险，两者呈螺旋式上升趋势。

旱灾风险与旱灾脆弱性意义相通，但两者的侧重点不同。第一，旱灾风险严格说来是指潜在的损失可能性。旱灾脆弱性是一个很宽泛的概念，不仅包括可能的损失，还包括已经发生的损失，外延大于旱灾风险。第二，农业旱灾脆弱性是由高风险状态的存在及演变造成的，更多地包含了风险积累的动态结果。第三，农业风险的类型有很多：价格风险、自然灾害风险、系统性风险及市场风险等，而旱灾脆弱性是所面临的风险集合的最终反映。第四，旱灾脆弱性是农业体系的一种内在固有属性，它是客观的，无法从根本上消除，但是并不意味着干旱因素都必然发生风险，其本质意义仅是说明农业体系具有陷入风险和致灾的性质，并不决定灾害是否发生及何时发生。不过现在，对于风险的使用已经广泛化了，常常与脆弱性难以明确区分。

1.3.5　旱灾脆弱性与旱灾

旱灾脆弱性与旱灾是原因和结果的关系。旱灾脆弱性是内在的，是常态的。

而旱灾是这种常态的一种结果，旱灾脆弱性并不必然导致旱灾。旱灾的形成需要一系列条件和前提，需要经历一个复杂的过程。

旱灾脆弱性会随着风险的产生和累积不断上升，当外界或内部某一因素冲突对其造成激烈冲击时，便发生体系的崩溃，因旱致灾。因此旱灾是当旱灾脆弱性累积到一定程度，为本系统所不能承受时破坏性的能量释放。也就是说，旱灾脆弱性状态最终将以旱灾的形式表现出来，这是一个由量变到质变的过程。

因此，旱灾脆弱性、旱灾风险与旱灾三者间的关系可以表示为：不确定性—旱灾风险—旱灾脆弱性—旱灾，这可以解释旱灾的可能性和必然性。旱灾最根本的原因在于旱灾脆弱性及外在冲击等因素；外部因素归根结底都要通过内因起作用；旱灾是旱灾脆弱性累积的最终结果和表现；旱灾脆弱性的累积为旱灾的最终爆发提供了内在依据。

1.4　相关研究与评述

近年来较高的干旱发生频率与严重的损失导致众多学者越来越重视旱灾脆弱性问题的研究。从总体上看，农业旱灾脆弱性的研究才刚刚起步，尚不深入和系统。以下对国际和国内关于旱灾脆弱性问题的相关文献研究进行综述，然后主要对有关我国旱灾脆弱性的文献进行评述，进而提出本书的研究视角。

1.4.1　国外相关研究综述

1.4.1.1　对干旱的理解

目前对干旱的研究主要集中在 4 个方面：干旱的原因分析；干旱程度的概率分布；干旱的影响；干旱的反应、备灾、减灾和恢复（Byun and Wilhite，1999）。Pandey 等（2008）认为干旱是一种潜移默化的循环区域气候现象，干旱积累效果缓慢，往往跨越一个长的时间段，有时甚至超过 3 年或 4 年；干旱影响不明显，在相当大的地理区域扩展，各地区严重程度不同。Shamsuddin 和 Houshang（2008）认为气候的时空变化、极端天气事件、高人口密度、高的贫困发生率、社会不平等、机构能力的欠缺、财政资源的不足和基础设施的薄弱是导致旱灾的主要原因。

1.4.1.2 对旱灾脆弱性的理解

Simelton 等（2009）认为旱灾脆弱性是指气象测量上的干旱程度对农业生产产量的影响。一类是作物生产对干旱敏感的高脆弱性事件（即轻微干旱导致农作物产量严重损失）；另一类是低弹性或低脆弱性事件（即严重干旱对农作物产量影响很少或根本没有影响）。Slegers（2008）从农户的视角分析了旱灾脆弱性，认为农户的旱灾脆弱性程度受土壤类型、土地位置、土地管理实践和农民类型等因素的影响。Watts 和 Bohle（1993）指出旱灾脆弱性不仅取决于暴露的外部风险，而且也受内部风险因素的影响。脆弱性包括 3 个方面：暴露性风险（暴露性）、应对策略风险（适应能力）、恢复缓慢的风险（恢复力）。Smit 和 Pilifosova（2003），Robards 和 Alessa（2004）认为脆弱性是指既定系统的时空状态下，受特定的气候冲击，暴露和适应能力相互作用的结果。脆弱性是动态的，通常因特定的气候风险和特定的时空而不同。脆弱性包括两个要素：一是暴露，即一定时空风险事件发生的概率；二是适应能力，即系统处理危机事件的能力。暴露和适应能力伴随着时间的变迁，随人类社会系统的变化而变化（Mcleman and Smit，2006）。Sidle 等（2004）认为脆弱性由灾害暴露、敏感性和适应能力 3 个要素构成。灾害暴露指极端风险事件发生的概率，灾害暴露程度包括幅度、频率、持续时间、区域范围、发生速度、空间分散和时间间隔等因素（Burton et al.，1993）。敏感性是指人类和自然灾害系统受到灾害影响的程度（Adger，2000）。适应能力是指一个系统适应环境危害或增强抵御环境干扰、威胁的能力（Jones，2001）。

1.4.1.3 农业旱灾脆弱性与贫困

国外众多学者在农业旱灾脆弱性与贫困问题等方面展开了研究。Gordon 和 Spicker（1999）认为贫困的核心定义是缺乏，即缺乏收入、能力和支配的资源，或由于社会剥夺、无能为力及脆弱性负面事件所引起的缺乏。Dercon（2006）指出各种灾害风险可能会影响到每个人，但如果暴露于这些风险中，贫困人口将变得更加脆弱。因此，当灾害冲击发生时，严重程度、灾后恢复和应付机制取决于家庭和个人所拥有的能力、资产和资源（Khandlhela and May，2006）。Wilhite 等

（2007）认为自然灾害的风险程度不仅取决于自然灾害的暴露程度或频率，而且还取决于灾害发生时社会的脆弱性。脆弱性是一个地区对经济、社会和环境特点的动态反应。一场干旱灾难发生时，由于自身的脆弱性，他们的生命会受到直接威胁，并且会对经济和社会结构产生严重的破坏，不可避免地破坏了他们的适应和生存能力。

1.4.1.4　旱灾脆弱性指数的选择

依据不同的标准及侧重点，许多学者制定了不同的旱灾脆弱性指数。Acosta-Michlik 等（2008）用模糊模型方法建立脆弱性指数，用一系列指标生成一个敏感指数，包括财政资源、农业依赖度和基础设施状况（经济敏感性）和健康状况、教育程度和性别差异（社会敏感性）。Shamsuddin 和 Houshang（2008）构建了一个综合的旱灾脆弱性指数（drought vulnerability index，DVI），这一指标包括两大部分：一是社会经济指标，如人口密度、男女性别比例、贫困水平和农业从业人口等；另一类是物质的基础设施指标，如耕地灌溉比例、水土保持能力和食物生产情况等。Lasage 等（2008）建立的旱灾脆弱性指标包括人居环境、自然条件、食物安全和工业生产能力4个方面。人居环境包括饮用水的途径、疾病的传播媒介、营养和健康等；自然条件包括植被密度、物种多样性和水的质量；食物安全包括农作物生产、水的消费、农民收入、农作物的灌溉度等；工业生产能力包括碳、钢、水泥等的生产。Krömker 等（2008）运用模糊集方法计算脆弱性指数，这种方法对难以找到准确数据来清晰界定的脆弱性来说是合适的。

1.4.1.5　旱灾脆弱性评估

现存的脆弱性评估方法还处于一个非常初级的阶段，脆弱性评估需要更为严格和正式的方法。众多学者从不同的角度对脆弱性进行评估，一类基于农户的微观视角；一类基于国家与社会的宏观视角，并且构建了相应的脆弱性指数（Simelton et al.，2009；Luers et al.，2003；Calvo，2008）。Alcamo 等（2008）建立了一个比较和分析不同学科（经济学、政治学、行为科学和环境心理学）估计旱灾脆弱性的推理建模方法。这个新方法包括：发展推理模型，该模型的变量和主张融入了脆弱性的定性知识；采用模糊集理论把定性模型变量转变成定量指标；从研究区域收集有关情况与指标值的数据；输入区域数据并计算易感性的定量值。该推理模型方法在脆弱性的评估方面是一个融入专家意见和当地知识的简单易行的方法。其独特优势主要表现在提高了分析的透明性、再现性、可比较性和可信性。Polsky 等（2007）提出了脆弱性评估的八步法，这八个步骤依次为：界定研究范围与利益相关者；熟知事件的变迁；推测谁是脆弱的；制定一个脆弱性因果模型；找到脆弱性要素的指标；脆弱性的可操作性模式；设计未来的脆弱性；创造性地交流脆弱性。Taenzler 等（2008）从政治科学的视角评估政府对旱灾的脆弱性，以案例研究区域的数据为基础，应用模糊集理论进行脆弱性的评估，其中使用公共卫生支出占国内生产总值（gross domestic product，GDP）的比例作为国家愿意促进社会保护的指标。Acosta-Michlik 等（2001）制定安全图来评估旱灾脆弱性，安全图包括三个组成部分：环境压力、国家易感性和环境危机。安全图评估了危机发生的可能性与程度，以确定危机发生的地点、受影响人口及气候变化如何影响国家、区域和全球安全。Wilhelmi 和 Wilhite（2002）利用地理信息系统技术发展了一个评估农业旱灾脆弱性的方法，具体为：确定农业旱灾脆弱性的关键因素；评估影响旱灾风险和脆弱性因素的权重；分类和制定农业旱灾脆弱性地图。凭借旱灾脆弱性地图，决策者能可视化风险并传达脆弱性信息到其他部门，以确保它们及时有效解决相关的旱灾损失。农作物保险是补偿旱灾损失的缓解措施，并作为一种有效的管理工具发挥着重要作用。在旱灾脆弱性评估中，干旱保险的投保比例对减轻旱灾影响具有重要的作用。

1.4.1.6　旱灾风险管理研究

Prabhakar 和 Shaw（2008）针对印度的旱灾脆弱性，提出加强防旱计划，修订现行的旱灾预测方法，建立旱灾监测和预警系统。印度的旱灾风险管理涉及两个方面：其一是旱灾监测、反应和救济机制；其二是干旱减灾机制。Wilhite 等（2000）认为预防性的风险管理方法对干旱管理非常必要，要更加重视备灾和减灾行动的规划。目前美国和其他地方已广泛应用十步旱灾规划进程。这十步依次为：任命一个旱灾工作队；规定旱灾计划的目标；寻求利益相关者参与和解决冲突；库存资源并鉴别危险群体；制作具体的旱灾计划；确定研究需求和填补体制差距；整合科学与政策；宣传旱灾计划并建立公众意识；制定教育计划；评估和修订旱灾计划。Marchildon 等（2008）认为制度在降低人们旱灾脆弱性方面起着关键作用，制度在重塑农业易旱环境的努力中对地方、区域、国家和国际社会都是至关重要的。Wilhite 等（2007）认为减少旱灾脆弱性应发展防备计划和适当的缓解措施和程序，如干旱的季节性气候预报的生产和传播；提出建立旱灾影响报告，这是一个基于网络的影响评估工具和数据库。旱灾影响报告能记录旱灾的影响，并能作为主动的旱灾风险管理投资的核心参考资料。政策和其他决策者、科学界和广大市民都希望能从该报告的旱灾影响评估中获得预期的收益。Zamani 等（2006）基于资源保护理论探讨应对旱灾的心理策略，以资源节约理论和"生态模拟"为基础构建了一个多层次的理论框架，指出资源节约理论非常适合于灾害心理影响的研究。Mcleman 和 Smit（2006）指出脆弱性与影响事件发生的因素及处理事件的能力密切相关，他设计了一个迁移模型作为气候变化的适应性策略。Sonmez 等（2005）认为旱灾的早期预警与规划是至关重要的，应该从危机管理转向风险管理，制订相应的应急计划。Jallow（1995）归纳了应对旱灾的策略，如作物多样化与选择、家畜多样化和牲畜迁移、职业多样化和主要食物来源的调整等。Thomas（2008）概括了有助于减少气候变化脆弱性的技术手段，如防止和扭转土地退化，减缓旱地封存的二氧化碳，保持植被覆盖，放牧管理，水管理和盐度的控制，覆盖残留物管理，土壤肥力管理和作物轮换，改善休耕地、灌丛、盐生植物和林业种植园，以及提高水的使用效率等。Ayers 和 Huq（2009）强调管理气候变化风险的战略包括减缓和适应，他认为决策者在全球减灾议程中兼顾减缓和适应措施，能有效提高灾害的适应和可持续发展水平。

1.4.2　对我国相关研究的文献综述

农业旱情是对农业系统旱灾脆弱性的揭示和表达。我国农业旱灾脆弱性研究最近十年才有若干成果，目前国内研究集中在以下几个方面。

1.4.2.1　农业旱灾脆弱性评价方法研究

聂伟杰等（2003）对桂中旱片的旱灾脆弱性情况进行了综合评价。刘兰芳等（2005）依据农业旱灾脆弱性的形成因素，收集气象资料和经济统计数据，运用数学模型对湖南省衡阳市农业旱灾脆弱性进行了定量评估，研究发现衡阳市农业旱灾脆弱性存在明显的地域差异。苏筠等（2005）建立评价指标体系对湖南鼎城区 1988 年和 2001 年的农业旱灾承灾体脆弱性进行了评价。杨奇勇等（2007）运用密切值法对湖南各县市农业旱灾脆弱性进行了评价。杨彬云等（2008）选择降水量、土地质量及人均纯收入等9个指标综合评价了河北省68个县市的旱灾脆弱性。商彦蕊（1999）采用定性分析与数理统计相结合的方法评价了河北省保定市农户旱灾脆弱性，并对旱灾风险与脆弱性进行相关分析，发现两者存在复杂的正相关关系。研究结果还表明，在一定的致灾风险水平下，随着脆弱性增加，风险区范围也随之扩大。

1.4.2.2 农业旱灾脆弱性与贫困

韩峥（2004）认为脆弱性是贫困的重要表现，贫困导致较高的脆弱性。当冲击发生时，越贫困者越脆弱，遭受的福利水平的下降越严重，这是由于贫困人口缺乏应对冲击的能力，在冲击出现时，他们往往表现为损失最大、恢复最慢，即呈现较高的脆弱性。陈传波（2005）分析了中国贫困地区农户的风险与脆弱性，结果表明农户对风险和经济困难的认知涉及他们生活的方方面面，多种风险交织是农户风险的一个突出特点。周毅等（2008）根据生态脆弱性与贫困因子的相关性建立数学模型研究中国典型生态脆弱带与贫困的关系，通过统计分析和比较得出结论：区域脆弱生态环境是西部贫困的首要原因，直接影响区域农业发展水平，决定区域经济差异；区域环境条件变化影响区域盛衰。

1.4.2.3 农业旱灾脆弱性成因分析

史培军等（1999）认为农业旱灾是致灾因子（降水不足）、孕灾环境（土地利用）、承灾体（农作物和农业人口）相互作用的产物。商彦蕊（2000）认为各种水资源的开发利用及其效益的提高对降低农业旱灾脆弱度起了主导作用；农田基本建设、物质和管理投入增加与生态环境的改善是农业旱灾脆弱度降低的保证；人口增长造成的土地压力增大会对农业旱灾脆弱度的降低起反作用；以持续超采地下水为前提的抗御农业旱灾的行为，在减灾的同时，实际上在孕育着系统未来旱灾脆弱性的累进，属于非可持续利用。唐明（2008）归纳了旱灾脆弱性的影响因素：社会经济发展水平、产业结构、农作物种植结构、基础灌溉设施建设、防旱抗旱保障体系建设及人们防旱抗旱意识的强弱等。尚志海（2006）指出社会经济发展水平低是农业旱灾脆弱性形成的激发因子，这些社会经济发展水平包括：人口因素、水利灌溉、土地质量和人均收入等。商彦蕊（1999）和杨奇勇等（2007）归纳了影响农业旱灾脆弱性的因素：单位面积生产总值、人口密度、汛期降水量、灌溉指数、旱地占耕地面积比重、农民人均收入、森林覆盖率、单位面积水库塘坝库容量、单位面积农业机械总动力、单位面积化肥用量、单位面积产量、人均粮食和复种指数 13 个指标。吕娟等（2006）从地貌特征、气候条件、水文条件等自然条件，以及社会经济基础、旱灾意识及管理、科学技术研究及水利基础设施建设等社会经济因素分析了影响重庆市干旱灾害脆弱性的因素。

1.4.2.4　农业旱灾脆弱性分区研究

倪深海等（2005）根据各地水资源的特点、农业受旱成灾的情况及水利设施等因素确定农业旱灾脆弱性分区的原则和指标。杨奇勇等（2007）利用关联聚类法建立了湖南农业旱灾脆弱性分区的指标体系，对湖南各县市农业旱灾脆弱性进行评价，从而进行分区研究。

1.4.2.5　旱灾风险管理研究

顾颖（2006）提出我国的旱灾管理方式应该从现行的危机管理向风险管理转变，并重点介绍了旱灾风险管理的几个主要方面：干旱期的水资源管理、干旱早期预警和干旱预案。薛丽和顾颖（2007）认为干旱预警信息为有关管理部门实施水利调度，制定防旱抗旱措施提供了重要的决策依据；使人们在受到干旱灾害威胁之前有充足的时间采取适当的措施尽量降低干旱灾害的损害，保护最容易受到危害的环境，达到对旱灾风险进行管理的目的。喻朝庆（2009）提出我国走科学化的旱灾风险管理道路应制定明确的旱灾风险管理目标与量化标准，维持区域水资源的供需平衡与可持续能力，切实恢复和保护地下水，将地下水作为抗旱战略储备物资，走量化管理之路。刘成武等（2004）认为湖北省的防灾减灾工作不仅要重视水利工程与生态工程等减灾措施的作用，而且要重视人地关系变化对自然灾害的影响，从调整人地关系入手，进行生态减压，从而达到从根本上防灾减灾的目的。

1.4.3　文献综合评述

综上所述，国内外学者在农业旱灾脆弱性与旱灾风险管理方面进行了大量的研究和探讨工作。已有研究成果的解读、分析和评价对于推动我国旱灾风险管理研究工作的进一步发展大有裨益。通过对上述已有文献的分析不难发现，国内外学者的研究热点略有不同，研究水平和已取得的研究成果也存在较大差距。

第一，旱灾脆弱性和旱灾风险管理理论日益丰富，日趋成熟。国内对干旱问题的研究最初集中在农业学、气象学和水文学等自然科学领域，侧重于技术层面的研究。后来又逐步发展到经济学、管理学等人文社科领域，侧重于从一些可控的社会经济因素来影响与防控干旱灾害的发生。对干旱问题的研究也经历了从危机管理到风险管理的转变。这些理论的发展为我们分析旱灾脆弱性及旱灾减轻路径提供了思路。

第二，目前国内对旱灾脆弱性的理论研究仍缺乏综合性和系统性。从定义的方面看，对农业旱灾脆弱性还没有一个统一的界定，众多学者分别从不同的角度进行分析；并且国内对易损性、适应性和恢复力的具体内容的界定也不完全相同。在指标体系方面，由于对农业旱灾内涵的界定不同，收集和处理资料的方法不同，在测度脆弱性及预警风险的指标体系的构建中所包含的指标存在不完善的问题。

第三，我国旱灾脆弱性测度的实证分析还很薄弱。农业旱灾脆弱性综合定量评价方法处于初级阶段，国内学者对旱灾脆弱性测度的方法各不相同，尚没有形成统一的共识。我国学者对此的研究尚处于起步阶段，主要体现在测度模型过于简单，数据选择略显粗糙。

第四，从样本范围来看，目前的研究多集中于几个典型的干旱带，而很少考虑作为农业大省的中部地区的具体情况，不利于各地因地制宜开展减灾实践。

第五，目前的研究大部分仅对旱灾脆弱性进行了分析，但对如何降低旱灾脆弱性，完善旱灾风险管理方面的研究不多。

本书将针对以上不足，展开相应分析和研究。

1.5　研究方法

本书综合运用西方经济学、计量经济学、统计学及决策学等的原理和方法对农业旱灾脆弱性进行研究，主要采用的方法大体可分为以下几类。

1.5.1　调查研究方法

调查研究方法可分为：①典型实地问卷调查。本研究先后实地调查了湖北省孝感市所属的 7 个县市（区），具体包括应城市、安陆市、汉川市、云梦县、孝昌县、大悟县和孝南区。通过问卷调查的方式，获得农户特征、旱灾脆弱性及旱灾风险意识等相关资料，应用意愿调查评估法（contingent valuation method，CVM）调查了农户对农户干旱指数保险的支付意愿，调查采集了大量的农业旱灾第一手资料。②农户访问调查。调查采用随机抽样的方法对农户进行调查，通过访问和座谈了解农户旱灾风险意识及保险意愿等情况。③部门咨询调查。同当地的农业、水利、国土资源及统计等政府部门进行了广泛的交流，获得该地区降雨量与干旱灾害情况等资料。

1.5.2　数理统计分析方法

数学作为一种最基本的分析工具，在揭示事物发展的内在规律上具有极强的解释力。在大量搜集统计数据及实地调查数据的基础上，本书广泛应用现代计量经济学工具进行数量和统计分析：①在空间上，利用基于层次分析法的模糊综合评价模型测度了孝感市所属 7 个县市的农业旱灾脆弱性程度。模糊综合评价方法充分考虑了农业旱灾脆弱性评价的不确定性与模糊性，能较好地消除脆弱性评价中的主观性和随意性，而且该方法简单易行，具有较强的实用性与可操作性。同时，通过层次分析法确定各目标权重，也在一定程度上克服了模糊综合评价的主观局限性。②在时间上，利用主成分分析方法从社会经济视角计量分析孝感市近20 年来农业旱灾脆弱性动态变化的影响因素。该方法不仅克服了旱灾脆弱性评价中许多难以量化的人为因素影响，有效规避了脆弱性评价指标权重设置中主观因素的影响，使量化管理简便易行；而且充分克服了以往指标评估无法进行有效性检验的缺陷。并且本研究还将两种方法计算出的结果进行了对比分析，使结果更加具有说服力。③利用计量经济学中的 Logistic 回归模型分析了孝感市农户干旱指数保险支付意愿及其影响因素，尽可能地"用数据说话"，有助于对经济现象进行直观的理解与准确的测度，增强了分析的严密性。

1.5.3 系统分析方法

农业干旱灾害体系是一个复杂的系统，由致灾因子子系统、孕灾环境子系统、承灾体子系统和人类社会经济子系统等若干子系统组成。各子系统及其组成要素相互影响、相互制约，处于动态变化之中，影响着农业干旱灾害脆弱性水平。本研究把孝感市农业干旱灾害风险作为一个复杂的灾害经济系统来研究，系统分析了农业旱灾脆弱性的特殊生成机制；定量化分析了系统中各要素对农业旱灾脆弱性的影响程度；并运用经济学、管理学及数理统计学的理论和方法，开展多学科系统研究，综合制定农业干旱灾害风险管理的制度与政策措施。

1.5.4 实证分析与规范分析相结合的方法

本研究采用规范分析与实证分析相结合的方法。实证分析是对事物现象的描述和解释，说明"是什么"的问题。而规范分析是根据传统的价值标准，以主观判断形式对事物应具有的规律性和应有的现实的结果进行阐述和说明，主要研究"应该是什么"的问题。当然，规范研究也是建立在实证研究的基础上，以实证研究作为基础进行的。本书中农业旱灾脆弱性评价以及从社会经济视角计量分析农业旱灾脆弱性动态变化的成因属于实证研究；对于如何治理或缓解我国农业旱灾脆弱性及旱灾风险转移与减轻策略的提出，本书更多地运用规范研究方法。本研究注重将两者有机结合，对研究区旱灾脆弱性及旱灾风险管理做了科学的分析，这也进一步保证了结论的可靠性。

1.5.5 定性分析与定量分析相结合的方法

定性分析方法常用于对事物的发生规律进行宏观的、概括地描述，是一种准确、深入地揭示事物运动规律必须借助的方法。定量分析是对社会现象的数量特征、数量关系与数量变化的分析，其功能在于揭示和描述社会现象的相互作用和发展趋势。本书在界定农业旱灾脆弱性和农业旱灾、分析农业旱灾脆弱性生成与演变规律时采用了定性描述方法；而在农业旱灾脆弱性指标的设计与评价方面则采用了定量分析方法。本书在分析湖北省孝感市脆弱性的具体表现时，在定性分析的基础上做了大量的数据分析，注重将两者有机结合；通过定量分析和定性判断，对研究区干旱脆弱性及旱灾风险做了科学的分析。

1.6 研究结构和主要内容

全书共分为以下 9 章。

第 1 章绪论。主要从选题背景、基本概念的界定、国内外文献评述、研究目的与意义、研究思路与方法及本书的基本框架结构等方面进行了简单的概括和总结。

第 2 章首先介绍了我国干旱灾害现状，重点对我国干旱灾害的特点及影响进行了阐述。在此基础上，通过构建农业干旱灾害与粮食安全之间的计量模型，利用西南五省样本数据，实证检验了 1997~2008 年农业干旱灾害对粮食安全的影响。结果表明，农业干旱灾害对粮食安全具有明显的影响。在此基础上提出应对全球气候变暖下农业干旱灾害风险的策略：加强农田水利基础设施建设，通过增强水资源的时空调配能力达到农业抵御干旱灾害风险；选育耐旱农作物品种，提高农作物干旱忍耐力；调整粮食生产布局，在高旱灾频率地区，减少高耗水作物生产等。

第 3 章对农业旱灾脆弱性生成与演变规律进行阐述。本章首先从宏观上对农业旱灾系统的构成进行分析，包括致灾因子子系统、孕灾环境子系统、承灾体子系统与人类社会经济子系统四个部分。然后在此基础上，本章重点从微观、中观与宏观三个视角阐述了农业旱灾脆弱性的特殊生成机制，并对农业旱灾脆弱性到干旱灾害的演化机制进行了分析：其一是内在生成机制；其二是外在冲击机制。最后应用灰色系统理论，分析计算了旱灾脆弱性影响因子与我国农村贫困的关联度。

第 4 章是农业旱灾脆弱性评价。以孝感市下辖的 7 个县市为研究领域，构建孝感市农业旱灾脆弱性评价指标体系和评价模型，对孝感市农业旱灾脆弱性进行评价。研究结果表明，孝感市农业旱灾脆弱性存在明显的差异性，7 个县市中大悟县的旱灾脆弱性程度最高，这表示大悟县干旱灾害风险性最强，是旱灾风险管理的重点区域。

第 5 章分析农业旱灾脆弱性动态变化成因。针对研究区农业旱灾脆弱性的时间变化，运用主成分分析方法进行实证研究，分析各影响因素与旱灾脆弱性的相关关系与影响程度的大小。

第 6 章立足农户视角，设计调查问卷，以湖北省孝感市 273 户农户的调查数据为依据，通过 Logistic 回归模型对农户的干旱保险的支付意愿及其影响因素进行了实证分析。研究表明：被调查农户农业干旱保险意愿不强，其中 72.5% 的农户没有支付意愿，有支付意愿的农户愿意支付的保险费也相当低，平均只有每亩① 12 元。在所列举的影响因素中，受教育程度、耕地面积、对农业干旱保险的认知程度、对保险公司的信任程度及对政府农业保险补贴的态度 5 个因素对农户支付意愿具有显著的影响。

第 7 章从金融产品创新视角来探索旱灾风险管理。在介绍国外农业天气指数保险与天气衍生品的实施情况与经验的基础上，阐述了我国设计天气指数保险与天气衍生品的必要性与可行性，并且设计了干旱指数保险及运用天气衍生工具套期保值干旱灾害风险。

第 8 章阐述了政府防御农业旱灾的政策建议。主要包括：建设农业旱灾监测预警体系；构建基于利益相关者的干旱灾害安全网；加强农田水利基础设施的建设；推进旱灾保险制度；加快农业产业结构调整，发展旱作农业。

第 9 章是总结与展望。对前面章节的内容进行了总结和归纳，提出了研究结论和政策含义，并对下一步研究提出了展望。

研究结构流程如图 1-1 所示。

1.7　本书特色与创新之处

本书在借鉴国内外相关研究成果的基础上，力图在以下几个方面有所创新。

第一，以旱灾脆弱性作为切入点系统阐述农业旱灾风险管理的路径。在农业旱灾脆弱性测度指标设计中，本书突破单纯考虑传统的地理、水文等自然因素的影响，从社会经济的视角出发，全面选择了旱灾脆弱性的测度指标，构建了农业旱灾脆弱性核心测度指数。在测度指数合成方法上，本书分别选择了基于层次分

---

① 1 亩 ≈ 666.67m²。

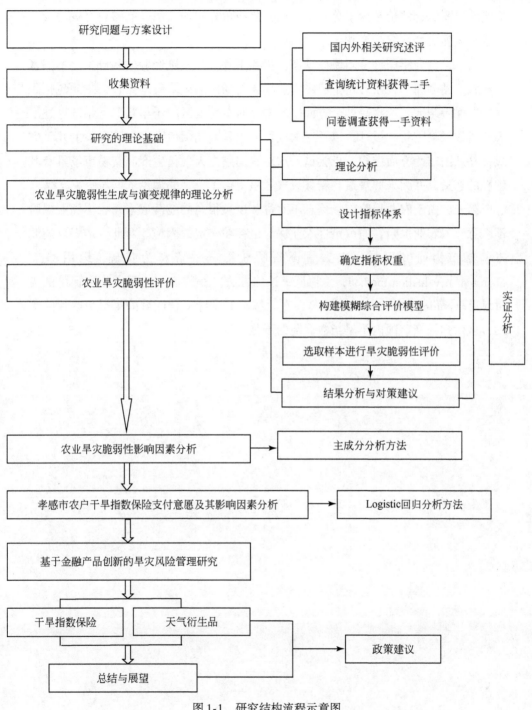

图 1-1 研究结构流程示意图

析法的模糊综合评价和因子分析法，而不是简单算术加权法，能够更客观的反映农业旱灾脆弱性状况的变化。

第二，在介绍国外最新研究动态与借鉴国外具体实施经验的基础上，本书基于金融产品创新的视角分析了应对农业旱灾脆弱性的风险管理路径，主要包括天气指数保险与天气衍生品两个方面。本书针对孝感地区的干旱状况，系统论述了天气指数保险契约的设计，以及用天气衍生工具套期保值干旱灾害风险的几种方式，并试图在此方面进行一点尝试。这对我国建立天气衍生产品交易市场具有基础性的意义，并为人们规避与转移天气风险提供了一定的理论依据与政策支撑。

第三，由于农业保险市场信息不对称，以及很高的经营成本，我国商业保险不愿意介入农业保险，而政策性农业保险也存在一定的困境。对此，本书以湖北省孝感市为研究区域，以大量调研所获第一手资料为基础，运用 CVM（contingent valuation method，意愿调查评估方法）获得农户对干旱指数保险的支付意愿（willingness-to-pay，WTP），在此基础上设计适合区域的干旱指数保险契约，从而弥补当前国内干旱指数保险的不足。

2 我国农业干旱灾害现状与粮食安全

2.1 我国农业干旱灾害现状

2.1.1 我国农业干旱灾害概况

我国是一个农业大国，并且呈现明显的二元经济结构特征，农村技术落后，生产力水平不高，农民的抗灾能力比较差，是世界上受气象灾害影响最严重的国家之一。统计资料表明，洪水、干旱等天气灾害所造成的经济损失在我国自然灾害中占第一位。在天气灾害损失中，对农业威胁来说，洪灾占30%，旱灾占60%。我国是一个干旱灾害明显的国度，特别是干旱持续时间长、范围广、旱情重等特点给农业生产造成很大的影响。在我国，干旱受灾面积占农作物总受灾面积的一半以上，严重干旱年份比例高达75%，这是农业生产的大敌，给农民带来作物减产或绝收损失、财产损失；也是影响农民增收，甚至导致农民返贫的主要因素。

据不完全统计，从公元前206年到1949年的2155年间，我国发生过较大的旱灾有1056次，平均每两年就发生一次大旱。新中国成立后，政府加大对农田水利设施建设的财政投入力度，兴修水利，水利基础设施建设日益完善，大大提高了耕地灌溉率，改善了农业生产条件，防旱抗旱能力逐渐增强。但随着我国工业化、城镇化的发展，人口增长，农业、工业和城市生活用水急剧增加，对水资源的需求增加，加上生态环境破坏，水环境恶化，可用水量减少，我国干旱发生频率仍然很高，受灾面积大，干旱灾害有加重趋势。新中国成立后的50多年来，我国平均每年干旱受旱面积达到2217万 hm^2。进入20世纪90年代，伴随着全球气候变暖趋势的加剧，我国北方旱灾频繁发生，年均受旱面积上升至2711万

hm^2，旱灾造成农作物减产或绝收[①]。

在我国，北旱南涝、春旱秋涝、旱涝交替情况几乎年年大面积发生（表2-1）。表2-1归纳了我国近30年来的自然灾害情况，从中可以看出，旱灾在我国各种气象灾害（干旱、雨涝、台风、冻害、干热风等）所造成的受灾面积中所占比例最大；虽然旱灾的发生比较缓慢，但旱灾的情况明显比水灾严重得多，不管从成灾面积还是受灾面积看，都近乎水灾的两倍；旱灾成灾面积占受灾面积比例并没有明显降低。

表2-1　1980～2012年我国自然灾害情况

年份	受灾面积/万 hm^2	成灾面积/万 hm^2	成灾/受灾比例/%	水灾/万 hm^2		旱灾/万 hm^2	
				受灾面积	成灾面积	受灾面积	成灾面积
1980	5 002.5	2 977.7	59.52	968.7	607.0	2 190.1	1 417.4
1981	3 978.6	1 874.3	47.11	862.5	397.3	2 569.3	1 213.4
1982	3 313.3	1 611.7	48.64	836.1	439.7	2 069.7	997.2
1983	3 471.3	1 620.9	46.69	1 216.2	574.7	1 608.9	758.6
1984	3 188.7	1 560.7	48.95	1 063.2	539.5	1 581.9	701.5
1985	4 436.5	2 270.5	51.18	1 419.7	894.9	2 298.9	1 006.3
1986	4713.5	2 365.6	50.19	915.5	560.1	3 104.2	1 476.5
1987	4 208.6	2 039.3	48.46	868.6	410.4	2 492.0	1 303.3
1988	5 087.4	2 450.3	48.16	1 194.9	612.8	3 290.4	1 530.3
1989	4 699.1	2 444.9	52.03	1 132.8	591.7	2 935.8	1 526.2
1990	3 847.4	1 781.9	46.31	1 180.4	560.5	1 817.5	780.5
1991	5 547.2	2 781.4	50.14	2 459.6	1 461.4	2 491.4	1 055.9
1992	5 133.3	2 589.5	50.45	942.3	446.4	3 298.0	1 704.9
1993	4 882.9	2 313.3	47.38	1 638.7	861.1	2 109.8	865.7
1994	5 504.3	3 138.3	57.02	1 732.9	1 074.4	3 042.5	1 704.9
1995	4 582.1	2 226.7	48.59	1 273.1	760.4	2 345.5	1 040.1
1996	4 698.9	2 123.4	45.19	1 814.6	1 085.5	2 015.1	624.7
1997	5 342.7	3 030.7	56.73	1 141.5	583.9	3 351.6	2 001.2
1998	5 014.5	2 518.1	50.22	2 229.2	1 378.5	1 423.6	506.0

---

① 数据来源：http://www.cma.gov.cn/ztbd/khfwzt/khkhzn/200902/t20090203_26177.html

续表

年份	受灾面积 /万 hm²	成灾面积 /万 hm²	成灾/受灾 比例/%	水灾/万 hm²		旱灾/万 hm²	
				受灾面积	成灾面积	受灾面积	成灾面积
1999	4 998.1	2 673.1	53.48	902.0	507.1	3 015.6	1 661.4
2000	5 468.8	3 437.4	62.86	732.3	432.1	4 054.1	2 678.4
2001	5 221.5	3 179.3	60.89	604.2	361.4	3 847.2	2 369.8
2002	4 694.6	2 716.0	57.85	1 228.8	738.8	2 212.4	1 317.4
2003	5 450.6	3 251.6	59.66	1 920.8	1 228.9	2 485.2	1 447.0
2004	3 710.6	1 629.7	43.92	731.4	374.7	1 725.3	848.2
2005	3 881.5	1 996.6	51.44	1 093.2	604.7	1 602.8	847.2
2006	4 109.1	2 463.2	59.95	800.3	456.9	2 073.8	1 341.1
2007	4 899.2	2 506.4	51.16	1 046.3	510.5	2 938.6	1 617.0
2008	3 999.0	2 228.3	55.72	647.7	365.6	1 213.7	679.8
2009	4 721.4	2 123.1	44.97	761.3	316.2	2 925.9	1 319.7
2010	3 742.6	1 853.8	49.50	1 752.5	702.4	1 325.9	898.7
2011	3 247.1	1 244.1	38.30	686.3	284.0	1 630.4	659.9
2012	2 496.0	1 147.0	46.00	773.0	414.0	934.0	351.0

资料来源：根据历年《中国统计年鉴》整理

2.1.1.1 旱灾所占比例较大，平均约百分之五十

我国是世界上自然灾害发生十分频繁、灾害种类多，灾害损失十分严重的少数国家之一。我国的主要气象灾害包括干旱、暴雨、热带气旋、风雹、低温冷冻、雪灾等。干旱、洪涝、台风、暴雨、冰雹等灾害危及人民生命和财产的安全，国民经济也受到了极大的损失，而且，随着经济的高速发展，自然灾害造成的损失亦呈上升发展趋势，直接影响着社会和经济的发展。从图 2-1 中可以看出，1980~2012 年，旱灾在我国各种气象灾害（干旱、雨涝、台风、冻害、干热风等）所造成的受灾面积中所占比例最大，占到 40%~60%，平均占到52.3%。2000 年我国大旱，旱灾比例占到了各种气象灾害的 74.13%；2001 年略低，旱灾比例达 73.68%。1980~2012 年，三分之一年份中，旱灾占各种气象灾害比例超过 60%；超过一半以上的年份中，旱灾比例超过 50%；超过 90% 的年份中，旱灾比例超过 40%。在气象灾害中，旱灾是我国影响面最大、损失最为严重的灾害，其特点是范围广、时间长、影响远。

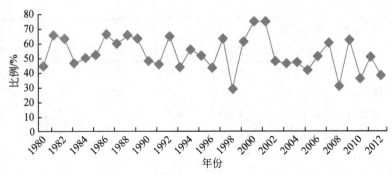

图 2-1　1980～2012 年我国旱灾所占比例

2.1.1.2　旱灾受灾面积和成灾面积都近乎水灾的两倍

在我国的自然灾害中，洪涝和干旱最为常见，是我国两种最主要的自然灾害，并且危害范围较广。我国有句俗语"水灾一条线，旱灾一大片"。由于我国季风气候区的季风气候不稳定，季节变化和年际变化大，导致旱涝灾害频繁。就全国范围来说，往往是南北涝一线，华北旱一片；或者南北旱一片，华中涝一线。旱和涝常常同时相伴出现在不同的地区。夏季风强，雨带会快速移到北方，形成北涝南旱，夏季风弱，雨带在南方停滞，形成南涝北旱。水灾主要包括洪水和涝渍两种主要类型，其分布很广，全国各省份都有不同程度的水灾发生。我国

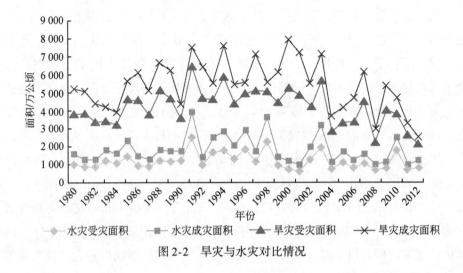

图 2-2　旱灾与水灾对比情况

更是一个旱灾频繁发生的国家。从图 2-2 可以看出，在 1980～2012 年，旱灾受灾面积和成灾面积都近乎水灾的两倍，为各项灾害之首。其中，平均来说，旱灾受灾面积为水灾受灾面积的 2.33 倍，旱灾成灾面积为水灾成灾面积的 2.29 倍。2000 年和 2001 年，旱灾受灾面积和成灾面积与水灾受灾面积和成灾面积之比都高达五六倍。1987 年和 2009 年，旱灾受灾面积和成灾面积与水灾受灾面积和成灾面积之比都高达三四倍。

2.1.1.3　旱灾成灾比率高

虽然国家财政支农支出不断增加，国家综合国力不断提升，抵御风险的能力也渐渐提高，但旱灾成灾面积占受灾面积比例并没有明显降低。从图 2-3 可以看出，1980～2012 年，旱灾成灾率在 30%～70%，平均 50% 左右。其中，1980～1990 年，旱灾成灾率达 48.8%；1991～2000 年，旱灾成灾率略有下降，为48.3%；然而，2001～2012 年，旱灾成灾率不降反升，达到 54%。

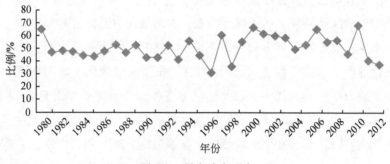

图 2-3　旱灾成灾比率

2.1.2　我国干旱灾害特点

干旱灾害是我国最严重的气象灾害之一。我国大部分地区属于亚洲季风气候区，降水量受海陆分布、地形等因素影响，区域、季节和年际分布很不均衡，因此旱灾发生的时期和程度有明显的地区分布特点。我国干旱灾害的特点主要有如下几点：

2.1.2.1 干旱灾害季节性强

我国的气候为明显的季风气候，降水量季节差异较大，夏多冬少。受季风气候以及形成气候的其他因素的影响，我国各地区干旱的发生具有一定的季节性。从季节分布上看，我国的旱灾主要类型有春旱、夏旱、秋旱和冬旱，以春旱最为频繁，程度重、持续时间长。春旱主要发生在黄淮流域及其以北地区，华北地区发生春旱的几率在70%左右，有"十年九春旱"之说；夏旱通常分为初夏旱和伏旱，初夏旱多发生在北方，伏旱是盛夏"三伏"期间的干旱，多发生在秦岭、淮河以南到华南北部地区，以长江中下游多见；秋旱多发生在华中、华南地区；冬旱主要发生在华南和西南东部地区。

2.1.2.2 分布范围广，区域性强

受季风气候的影响，干旱是我国较为普遍的气候现象。干旱在我国各地均可发生，但由于我国水资源分布及降水集中程度不同，旱灾发生频率和程度不同，旱灾呈现明显的区域特征。从地域分布看，秦岭淮河以北地区春旱突出，但各地均可发生干旱，只是发生频率和程度不同。近50年统计资料表明，我国有东北干旱区、黄淮海干旱区（西北东部和华北）、长江流域地区、华南地区与西南地区五个明显的干旱中心。其中，东北地区多发生盛夏干旱；华北地区春旱严重；长江地区多发生伏旱；华南地区多发生夏秋旱；西南地区四季均可发生旱灾。从总体上看，在我国，春旱发生地域最广，频率最高，夏旱和秋旱次之；华南、华北和长江中下游地区旱灾发生频率最高[1]。由图2-4可以看出，干旱频次大于30的地区有：华南、华北和长江中下游地区。我国干旱灾害严重的地区主要分布在气候比较湿润的季风区，这是由于旱灾主要对农业产生影响，而湿润的季风区多为农业发达地区，旱灾产生的危害严重；湿润的季风区受雨带推移的影响明显，降水变率大，易产生干旱。例如，我国长江中下游地区，夏初有梅雨，盛夏有伏旱；湿润的季风区在旱季往往气温高，蒸发旺，加剧旱情。

---

① 数据来源：http://www.cma.gov.cn/ztbd/khfwzt/khkhzn/200902/t20090203_26177.html.

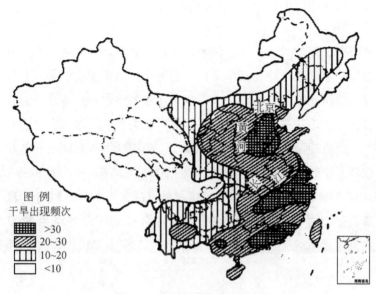

图 2-4 我国干旱灾害发生图

资料来源：王洁，2009

2.1.2.3 旱灾发生频率加快，分布范围扩大，具有"连片性"

据统计，1950～1990 年，我国共有 11 年发生了重特大干旱，发生频次为 26.83%。1991～2009 年，我国共有 8 年发生重特大干旱。近年来，我国年年有干旱，平均不到 3 年发生一次重特大旱灾，尤其经常发生区域性特大旱灾。过去，我国旱灾高发的区域主要在干旱缺水的北方地区，特别是西北地区。近几年，在传统的北方旱区旱情加重的同时，南方和东部多雨区旱情也在扩展和加重，如 2010 年西南五省份旱灾，旱灾范围进一步扩大，呈现出连片性[①]。旱灾的连片性指旱灾的波及面往往很大。旱灾和洪涝的成因决定了其分布总是"旱一片，涝一线"。水灾可能波及数省，而旱灾有可能波及全国大部分地区。如 2000 年，我国华北、黄淮、西北、江淮等地 15 个省份遭遇严重干旱；2007 年全国 22 个省份发生旱情；2010 年我国广西、重庆、四川、贵州、云南 5 省（自治区）大旱；2011 年长江中下游湖北、湖南、江西、安徽、江苏 5 省出现了严重旱情。

---

① 数据来源：http：//www. gmw. cn/content/2010-04/08/content_1087961. htm.

2.1.2.4 持续时间长，具有"连发性"

旱灾是一个长期的过程，持续时间往往长达数月乃至数年，与水灾相比，旱灾连发性更为明显。连发性是指旱灾往往会连季、连年发生，旱灾连季、连年发生的概率要比洪涝连年发生的概率大得多，连旱的年数一般也多于连涝年数。从区域比较看，北方地区旱灾连发性比南方地区更为显著。过去，北方地区主要以冬春旱为主，南方地区以夏秋旱为主。如今，旱灾持续的时间有拉长的趋势，连季干旱、连年干旱时有发生。例如，1997~2000 年北方大部分地区持续 3 年严重干旱；2004 年秋季至 2007 年夏季甘肃东北部持续 3 年干旱；2006 年夏季至 2007年春季重庆、四川百年不遇的夏秋冬春四季连旱；2008 年冬季至 2009 年春季北方冬麦区严重干旱①。云南自 2009 年以来连续 4 年干旱，出现"四年连旱"的局面。

2.1.2.5 危害程度高，经济损失严重

旱灾是长时间的干旱少雨孕育而成的一种渐进性气候灾害。首先，旱灾极大影响农业生产和农民生活。旱灾导致土壤缺水，影响农作物正常生长发育并造成减产甚至绝收，极大地影响农业生产，每年由此造成的经济损失达数以亿元计；同时，干旱缺水还导致人畜饮水困难。其次，旱灾造成水资源不足，城市供水紧张，城市发展受到制约。与此同时，旱灾影响范围已由传统的农业扩展到工业、城市、生态等领域，工农业争水、城乡争水、超采地下水和挤占生态用水现象越来越严重。

2.1.3 我国干旱灾害的影响

干旱是一种气候灾害，它是制约经济可持续发展与社会公共安全的重要因素之一，影响到人类社会经济活动的各个方面。干旱灾害会极大影响农业生产，造成农作物减产或绝收；还会给工业及人民的生产与生活造成严重的影响，给国家的经济建设和人民生命财产造成严重损失，严重影响社会公共安全、国民经济发

---

① 数据来源：http://www.gmw.cn/content/2010-04/08/content_ 1087961.htm.

展和人民的生存环境。在我国古代，旱灾引发的流民潮极易引发社会动乱，轻则转为流寇盗贼，重则发生武装暴动甚至大规模起义，危及王朝存亡①。据统计，我国每年自然灾害经济损失约 660 亿元，其中旱灾约 200 亿元②。

2.1.3.1　旱灾影响农业生产和粮食安全

首先，旱灾会造成农作物减产或绝收。据统计，干旱造成的粮食减产位于各种自然灾害之首，直接威胁粮食安全。据《中国水旱灾害公报》公布的数据，1950 ~ 2007 年，全国农业平均每年因旱受灾面积 2173.333 万 hm²，其中成灾面积 1240 万 hm²，年均因旱损失粮食 158 亿 kg，占各种自然灾害造成粮食损失的 60% 以上。全国年均因旱损失粮食由 20 世纪 50 年代的 43.5 亿 kg 上升到 90 年代的 209.4 亿 kg（喻朝庆和宫鹏，2010）。其中，1959 ~ 1961 年 3 年连旱，灾害影响 10 ~ 15 省（自治区、直辖市），平均受旱面积 3659 万 hm²，成灾 1533 万 hm²，减产粮食 611.5 亿 kg③。表 2-2 归纳了我国自 1950 ~ 2009 年各年代农作物因旱受灾情况。

表 2-2　各年代农作物因旱受灾情况

时期	年均受灾面积/万 hm²	年均成灾面积/万 hm²	年均粮食损失/百万 kg
1950 ~ 1959	1 160.000	370.330	4 349
1960 ~ 1969	1 791.920	846.150	8 248
1970 ~ 1979	2 612.170	745.360	9 249
1980 ~ 1989	2 456.220	1 176.180	19 219
1990 ~ 1999	2 489.593	1 194.333	20 653
2000 ~ 2009	2 500.829	1 442.086	34 917

数据来源：吕娟，2013

---

① 据《文献通考》卷 301 记载，北宋明道二年（1033 年）南方大旱，种粒皆绝，人多流亡，因饥成疫，死者十二三。东汉安帝初，"连年水旱灾异，郡国多被饥困……时饥荒之余，人庶流进，家户且尽"（《后汉书·樊宏列传》）。明代思想家丘濬指出："劫禾之举，此盗贼祸乱之萌。"（《大学衍义补》卷一〇）邓云特在《中国救荒史》中也强调，"大暴动兴起之以空前灾荒为其背景者，几为不可逾越之定律"（《中国救荒史》168 页）。

② 数据来源：http://dz.jjckb.cn/www/pages/webpage2009/html/2010 – 07/23/content_ 14548.htm? div = -1.

③ 数据来源：http://www.cma.gov.cn/ztbd/khfwzt/khkhzn/200902/t20090203_ 26177.html.

其次，粮食因干旱减产，供给减少，可能在一定程度上引发粮价上涨。如2012年，美国中西部地区遭受了百年一遇的旱灾，引发玉米、大豆和小麦等粮食品种价格大幅上涨。

再次，旱灾有可能会阻碍粮食国际贸易。如果一个国家遭遇严重旱灾，往往会发布出口禁令，加强配额管理等措施以限制出口，稳定国内市场供给，保障本国粮食安全。如2012年，美国中西部地区作为玉米和大豆的主产区，高温天气和干旱引发农作物减产，进而对全球粮食市场造成影响。

由表2-2可以看出，1950～2009年的60年间，农作物因旱年均受灾面积2168.4万 hm^2，农作物因旱年均成灾面积962.3万 hm^2，年均粮食损失16 105百万kg。其中，年均受灾面积在20世纪50年代至70年代呈上升趋势，到了八九十年代略有下降，然而进入21世纪又有缓缓回升趋势；年均成灾面积除20世纪70年代略有下降外，总体上呈上升趋势；年均粮食损失一直呈上升趋势，20世纪60年代年均粮食损失比50年代几乎增加一倍，六七十年代增幅平缓，80年代又急剧上升，进入21世纪，增幅也较大，变化趋势如图2-5所示。

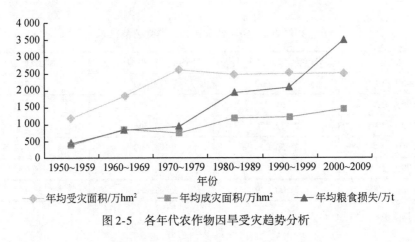

图2-5　各年代农作物因旱受灾趋势分析

2.1.3.2　旱灾对城乡人民生活的影响

首先，旱灾加剧或引起人畜饮水困难。旱灾会引发一些不缺水地区出现暂时性的人畜饮水困难，或者加剧一些本来就缺水地区的饮水困难程度。表2-3概括了全国不同年份因干旱人畜饮水困难的数量。由于干旱少雨、蒸发量大，一些地区一遇干旱天气就容易出现河道断流、地下水下降、泉井干涸等现象，往往导致人畜饮水要辛苦挑水，甚至出现逃水荒。同时，干旱使得农村供水的水质恶劣，水处理成本高，技术复杂，农村饮水面临水环境恶化造成的新的危害。少数地区还因干旱，饮用水水质难以保证而诱发疾病。

表2-3 全国农村因旱人畜饮水困难情况统计

年份	因旱人畜饮水困难		年份	因旱人畜饮水困难	
	人/万人	畜/万头		人/万人	畜/万头
1991	4359	6252	1997	1680	850
1992	7294	3515	1999	1920	1450
1993	3501	1981	2000	2770	1700
1994	5026	6012	2001	3300	2200
1995	1800	136	2002	1918	1324

资料来源：闫淑春，2005

由表2-3可以看出，1991~2002年间，全国每年平均有3356万农村人口和2542多万头大牲畜因旱发生饮水困难。20世纪90年代初，我国因旱饮水困难十分突出，90年代中后期有了明显减少，但2000年以后又出现明显反弹，尤其是2001年，全国农村因旱饮水困难人口都超过了3300万（图2-6）。

图2-6 全国农村因旱人畜饮水困难情况趋势分析

其次，干旱缺水对城市居民生活造成影响。我国干旱城市主要指郑州、济南、大同、太原、石家庄、天津和北京等北方城市。干旱缺水对城区居民生活有重要影响，如饮用水的供应受到一定影响，有些城市限水或间断供水，供水不能满足需要，生活用水受到限制，生活质量下降；粮食、蔬菜、水果价格上扬；旱区人们的生活成本普遍上升。长期干旱影响空气质量，某些疾病影响增大；由于浇水不及时，城乡苗木、花卉等园林绿化受到影响。20 世纪 90 年代以来，我国北方地区遭遇连年干旱，城市干旱缺水日趋严重。2000 年，我国北方地区发生了新中国成立以来最为严峻的城市干旱缺水局面，有 18 个省份 620 座城镇缺水（包括县城），影响人口 2600 多万人，直接经济损失 470 亿元，天津、烟台、威海、大连等城市供水告急。缺水城市遭遇干旱，不仅居民生活、工业生产受到直接影响，还对服务业、城市投资环境造成影响。

2.1.3.3　旱灾严重危及生态安全

受全球气候变暖的影响，极端气候不断出现，干旱日益频繁，气象干旱不断发展为生态干旱，生态用水受到严重侵害，部分地区出现的持续干旱给生态环境造成严重影响。其一，干旱可能导致植被与动物生态系统受损或遭受致命性打击。干旱发生时，降水偏少，会造成植被枯萎，鱼类及野生动物饮水困难，使得生态系统受损。其二，干旱年降水量大幅度减少，旱情严重时将会出现河川断流，湖泊干涸，湿地面积缩小。其三，干旱导致水资源短缺，受旱地区往往靠超采地下水来缓解缺水危机，由于长期超采地下水，导致地下水位迅速下降，地下水储量大幅减少，引发地面沉降、海水倒灌等一系列环境问题。其四，干旱缺水还会导致地表径流量减少，水体纳污能力减弱，污染物的浓度增加，从而导致水质恶化，水污染危害不断加重。此外，干旱灾害还会加速草地退化和土地荒漠化等（闫淑春，2005）。

2.1.3.4　旱灾伴随次生灾害

旱灾在其发生过程中，还会伴生诱发出一系列新的灾害和衍生灾害，形成一条条环环相扣的灾害链，有时次生灾害的危害和实际损失往往会超过原生灾害，其杀伤力和危害不能小觑。旱灾的灾害链效应主要表现为：诱发地质灾害、咸潮、森林火灾、病虫害、瘟疫、人畜饮水困难，导致粮食减产，生态环境恶化，经济发展受阻，最终影响人类生活。主要有三种类型：一是旱灾发生引起的灾害链中其他灾种造成的损失。例如，旱灾引起的水资源缺乏，过量开采地下水，导致地面沉降损失；干旱发生时，降水偏少，植被枯萎，天气干燥，极易引起森林火灾；旱灾之后若遇到暴雨，将加大滑坡、泥石流和水土流失的发生风险等。二是当年旱灾对下一年生产造成的经济损失。干旱持续发展，特别是连季干旱或连年干旱，其影响可能延续到下一年，会加大下一年恢复与重建的投入成本，也会对下一年生产及生活造成进一步的损失。例如，旱灾造成粮食减产，而粮食减产对粮价的影响往往会滞后一年，进而影响整个粮食市场。三是给其他部门或地区带来的经济损失。干旱引起水资源匮乏，工业生产用水严重不足，造成工厂减产停产，对区域与国家经济造成损失或严重打击。

2.2　全球气候变暖背景下我国农业干旱灾害与粮食安全

作为世界上人口最多的国家，中国的粮食安全一直是受到高度关注的话题。特别是由于人口增长、水资源缺乏、城镇化带来耕地减少、土壤退化，我国的粮食安全问题显得更为严峻。全球变暖背景下，我国旱灾发生的频率和范围都在加大，干旱化直接影响到植物光合作用对水分的需求，从而造成粮食减产、品质下降，致使粮食生产供给的不稳定性增加。大范围持续性干旱成为农业生产的最大风险，2009 年春天的黄淮海平原大旱，以及 2009 年秋冬至 2010 年春天的西南特大重度干旱给我国农业生产与粮食安全构成了严重威胁。中国每年因旱灾平均损失粮食 300 亿 kg，约占各种自然灾害损失总量的 60%。近几十年以来，我国农作物干旱受灾面积逐渐增加并呈加快趋势。按年代平均，20 世纪 50~90 年代，我国农作物旱灾面积依次为 531.7 万 hm^2、800.4 万 hm^2、853.9 万 hm^2、1129.4 万 hm^2、1384.2 万 hm^2。积极应对干旱灾害风险，确保粮食生产与安全供给，是我国农业面临的重大挑战。

在全球气候变暖背景下，面临日益严峻的干旱灾害，如何正确认识干旱灾害与粮食安全的关系，最大限度地规避和减轻干旱灾害对粮食安全的不利影响，是值得我们深思的重大问题。粮食安全始终是我国经济发展、社会稳定和人民安居乐业的基础和前提。为了探讨两者之间的关系是否具有地域上的普遍意义，精确计量和深入剖析两者之间的关系，本书以西南五省为例，从农业干旱灾害视角探讨粮食安全问题，具体分析农业干旱灾害对粮食安全的影响程度，并对两者之间内在的依存关系进行实质的分析，找到规避和减轻干旱灾害，确保粮食安全的对策措施。

2.2.1　文献回顾和评述

人口不断增长对粮食安全形成持续压力，而粮食生产受到多种因素的影响。

近年来，国外众多学者在气候变化与粮食安全方面展开了研究（Mendelsohn et al.，2004）。Stein 和 Bekele（2004）用生物经济模型来分析增加的干旱风险对家庭生产、福利和食品安全的影响。研究发现，干旱通过影响农作物和牲畜价格作用于农户福利的间接影响大于因干旱而造成农作物减产的直接生产影响。Parry 等（2005）认为气温升高，降雨不稳定导致农业产量减少。

国内也有许多学者从不同视角探讨自然灾害与粮食安全问题。谭术魁和彭补拙（2003）探讨了粮食安全的保障措施。董利民等（2006）从农业的自然灾害、生态灾害、环境灾害和社会灾害角度探讨我国粮食安全问题。马九杰等（2005）通过描述性统计和相关分析等方法，着重讨论了农业自然灾害风险对粮食安全的影响。李茂松等（2005）根据我国近50年的粮食产量统计资料，从农业自然灾害与粮食产量之间的相关性系数来分析，认为旱灾是造成我国粮食产量下降的主要因素。一些学者立足于不同的地域来研究干旱等气象灾害对粮食安全的影响，结果都不同程度地表明农业干旱灾害与粮食安全有着很好的相关性，干旱化将会对未来粮食安全构成严重威胁（张星等，2008；文琦和刘彦随，2008；徐成剑等，2002；李彬和武恒，2009；武永峰等，2006）。

回顾前人的研究，国内外学者们分别在气候变化、自然灾害及粮食安全等方面展开了研究，但专门从干旱灾害视角探讨粮食安全的研究还处于起步阶段，文献不多。我国是一个人口大国，也是一个干旱灾害明显的国度，深入探讨与剖析干旱灾害与粮食安全问题显得尤其重要。在研究方法上，以前的研究大多只进行定性分析，实证研究很少；或者仅仅运用描述性统计分析与相关分析的实证研究方法。基于此，笔者结合我国西南五省的实际，利用西南五省样本数据建立模型进行了实证研究。

2.2.2 样本描述及其模型设定

2.2.2.1 农业旱灾及粮食安全情况

由于地理位置及气候因素的影响，西南五省份干旱灾害等气象灾害发生频繁。2009年9月以来，云南、贵州、广西、重庆、四川等省份遭遇大范围中等以上程度气象干旱，其中云南、广西的部分地区的旱情已达到特大重度干旱等级，贵州秋冬春连旱，出现80年一遇的严重干旱，部分地区旱情甚至百年一遇。云南全省、贵州大部、广西局部持续受旱时间超过8个月。截至2010年4月8日，西南五省份耕地受旱面积673.33万hm²，占全国的84%，农作物受旱527.13万hm²，待播耕地缺水缺墒146.47万hm²，有2088万人和1368万头大牲畜因旱饮水困难，分别占全国的80%和74%，部分重旱地区的旱情仍在持续。从历史数据看，自1997年以来，西南五省份每年干旱平均受灾面积达到70万hm²左右，个别年份超过100万hm²，而且波动幅度比较大（图2-7）。由图2-7可知，西南五省份干旱受灾面积与成灾面积越来越接近，这说明农业干旱灾害对农业生产的破坏力越来越大。

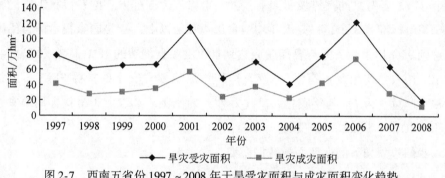

图2-7 西南五省份1997~2008年干旱受灾面积与成灾面积变化趋势

资料来源：《中国统计年鉴（1998~2009）》

中国人年均粮食占有量的基本安全水平应大致为365~370kg。图2-8反映了近12年来，西南五省人年均粮食占有量的情况。

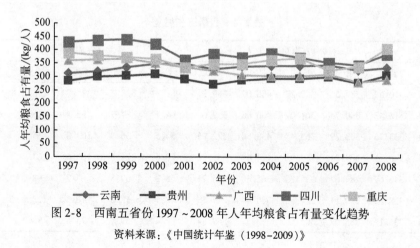

图2-8 西南五省份1997~2008年人年均粮食占有量变化趋势

资料来源：《中国统计年鉴（1998~2009）》

由图 2-8 可以看出，西南五省份的人年均粮食占有量呈现稳中略降的趋势。其中四川省人年均粮食占有量的总体水平略高于其他四省，1997 ~ 2008 年 12 年间人年均粮食占有量平均值为 391kg，基本达到人均粮食 400kg 的小康水平最低标准。但从 1997 ~ 2008 年，人年均粮食占有量降幅达到 10%。贵州省的人年均粮食占有量在五省中最低，平均值为 292kg。未来一段时间内，受人口增长、耕地面积减少等因素的影响，粮食供给安全风险将更加突出。

2.2.2.2　数据说明及模型设定

本书根据《中国统计年鉴》中的相关数据整理得出、西南五省份相关数据（表 2-4）。各变量的具体说明如下：①人年均粮食占有量。世界粮农组织的粮食安全衡量标准有 3 个，一是人年均粮食达 400kg 以上；二是国家粮食的自给率必须达到 95% 以上；三是粮食储备应达到本年度粮食消费的 18%，警戒线为 14%。本书选用人年均粮食占有量（kg/人）作为反映粮食安全的指标 SECU，此指标为粮食产量（万 t）与年底总人口（万人）的比例。②农业干旱指标用旱灾受灾面积 DROU（千 hm^2）来反映。

我们建立如下的一般面板数据模型：

$$SECU_{it} = \alpha\gamma + \beta DROU_{it} + \alpha_i + \varepsilon_{it}$$

其中，i 表示个体单位，在这里指西南五省各个省份，t 表示时间，本书数据范围是 1997 ~ 2008 年，α_i 表示个体效应，ε_{it} 表示随机扰动项，α 表示截距项，β 表示斜率系数。

表 2-4　西南五省数据

年份	人年均粮食占有量/(kg/人)					旱灾受灾面积/万 hm^2				
	云南	贵州	广西	四川	重庆	云南	贵州	广西	四川	重庆
1997	310.67	284.51	360.27	430.07	389.31	981.3	328.7	325.3	135.0	94.7
1998	318.43	300.74	364.09	436.08	377.61	64.1	37.7	38.4	113.3	52.1
1999	333.76	303.29	365.48	438.88	372.05	54.5	36.2	102.0	35.1	95.2
2000	346.11	309.21	350.92	424.44	365.96	20.6	21.6	100.4	163.7	27.0
2001	346.67	289.67	335.70	362.30	334.21	58.2	69.8	5.3	298.0	140.0
2002	328.80	269.51	321.32	386.48	347.53	40.1	17.0	10.2	128.2	46.6
2003	336.19	285.37	305.60	373.22	347.34	86.4	59.4	75.5	88.2	43.1

续表

年份	人年均粮食占有量/(kg/人)					旱灾受灾面积/万 hm²				
	云南	贵州	广西	四川	重庆	云南	贵州	广西	四川	重庆
2004	341.89	294.49	301.33	387.02	364.02	22.0	17.5	113.5	29.1	22.0
2005	340.40	293.07	301.99	371.57	368.61	205.3	44.2	89.4	21.3	25.1
2006	344.01	298.86	310.07	354.19	324.25	99.3	71.7	63.2	244.9	132.7
2007	323.52	276.92	279.21	343.38	336.29	70.3	17.9	69.9	138.7	23.3
2008	334.27	305.30	289.60	385.84	406.20	47.5	3.0	22.4	10.7	15.6

资料来源:《中国统计年鉴》(1998-2009)

2.2.3 实证模型的检验与估计

2.2.3.1 混合模型

混合模型(pooled model)的特点是无论对任何个体和截面,回归系数 α 和 β 都相同。回归结果如下:

$$SECU_{it} = 329.426\ 8 + 0.015\ 996 DROU_{it}$$

$$(40.70691)(1.779\ 713)$$

$$R^2 = 0.051\ 782 \quad D.W. = 0.468\ 022$$

一般来说,人年均粮食占有量与旱灾面积之间负相关,而回归结果的斜率系数为正值;另外判定系数很低,D.W. 统计量预示模型存在自相关,所以混合模型不是很理想,可以考虑固定效应模型。用 F 检验判断应该建立混合模型还是个体固定效应模型,原假设和备择假设分别为:$H_0: \alpha_i = \alpha_0$,截距项为同一个数值,即混合模型;$H_1: \alpha_i$ 各部相同,截距项取任意值,即个体固定效应模型。

构造 F 统计量,$F = \dfrac{(RSS_r - RSS_u)/(N-1)}{RSS_u/(NT-N-1)} \sim F(N-1, NT-N-1)$,其中 RSS_r,RSS_u 分别是受约束回归的残差平方和无约束回归的残差平方。EViews 6.0 给出的检验结果,见表 2-5。

结果表明,F 统计量达到 28.427 001,我们在很高的显著性水平上拒绝原假设,接受备择假设,即建立个体固定效应模型。

表 2-5 个体固定效应模型受约束检验结果

Effects Test	Statistic	df	Prob.
Cross-section F	28. 427 001	(4. 54)	0. 000 0
Cross-section Chi-square	67. 994 421	4	0. 000 0

2.2.3.2 豪斯曼检验

到底是应该建立个体随机效应模型还是个体固定效应模型，我们进行豪斯曼检验（Hausman test），原假设 H_0：个体随机效应模型；备择假设 H_1：个体固定效应模型。EViews6.0 给出的检验结果，见表 2-6。

表 2-6 豪斯曼检验结果

Test cross-section random effects			
Test Summary	Chi-Sq. Statistic	df	Prob.
Cross-section random	16. 407 397	1	0. 000 1

结果表明，我们应该拒绝原假设结论，模型存在个体固定效应，应该建立个体固定效应模型。

2.2.3.3 个体固定效应模型

直接进行个体固定效应模型（entity fixed effects model）参数估计，发现 D. W. 统计量为 0. 4929，说明模型存在自相关问题，增加 AR（1）项进行参数估计，估计结果，见表 2-7。

表 2-7 个体固定效应模型参数估计结果

变量	参数	估计值	标准误	t 值	p 值
截距	α	343. 978 8	7. 089 448	48. 519 83	0. 000 0
DROU	β	−0. 011 397	0. 003 795	−3. 003 322	0. 004 2
AR（1）	γ	0. 649 762	0. 108 138	6. 008 640	0. 000 0
个体固定效应：截距（α_i）					
云南	2. 811 533	贵州	−43. 631 74	广西	−28. 458 25
四川	46. 925 36	重庆	22. 353 10		

注：$R^2 = 0.828\,756$ $\bar{R}^2 = 0.807\,350$ $F = 38.716\,92$ D. W. = 1. 955 262

从估计结果可以看出，对于本例中的西南五省份来说，干旱受灾面积对人均粮食占有量的影响程度相同，斜率为 −0.011 397，即干旱受灾面积增加 0.1 万 hm²，人年均粮食减少 0.011 397kg。依此比例看，西南五省份 1997 年以来每年干旱平均受灾面积大多在 70 万 hm² 左右，则人年均粮食将减少约 8kg。个别年份西南五省干旱平均受灾面积超过 100 万 hm²，以 2001 年四川为例，旱灾受灾面积 298 万 hm²，则人年均粮食将减少约 34kg。按此比例，照此趋势发展，其累积效果更是不可估量。由此可见，农业干旱灾害对粮食安全具有明显的影响。西南五省共同的截距项为 343.9788，但是 1997 ~ 2008 年西南五省份个体差异（干旱以外因素）对人年均粮食占有量的影响存在显著的差异。根据个体固定效应模型的结果，四川、云南、重庆三省对共同截距存在正的偏离，且四川的偏离程度最大，为 46.925 36，依次为重庆、云南，这说明该三省粮食安全的自我保障能力较强；而贵州、广西两省份对共同截距存在负的偏离，且贵州的偏离程度较大，为 43.631 74，其次广西为 28.458 25，这说明贵州、广西两省份粮食安全的自我保障能力低于西南其他三省。

2.2.4　结果与分析

根据以上计量分析，我们得出以下结论：农业干旱灾害与粮食安全之间存在明显关系；由于农业生产保障能力的差异，西南五省份的粮食生产受干旱灾害的影响程度也有不同。基于此，我们提出西南地区应对全球气候变暖下确保粮食安全的旱灾风险策略：一是，加大农田水利基础设施建设，切实增强农业生产抵御干旱灾害风险的能力。提高农业抗御自然灾害的能力是提高粮食生产能力、保障粮食安全的基本要求。西南地区是气象灾害频发的省份，农田水利基础设施薄弱，抵御干旱灾害能力不强，制约了粮食生产能力的提升。因此，应该加强水库、灌溉设施等农田水利建设力度，确保干旱年份农作物正常生长，减少灾害损失。二是，选育耐旱作物品种并积极推广应用。品种的选择不仅要满足高产、优质、高效，而且要重视品种对异常气候的适应能力。在干旱地带应培育耐旱农作物品种，加大抗旱型粮食良种的研发，加大农业新技术的推广力度，以降低干旱灾害造成的威胁，确保粮食安全。三是，改良耕作方法，增强农作物对水资源的利用率。根据各地气候特点及土壤情况，改良耕作方法，引导农民积极采用节水设备和技术，大力发展节水灌溉，提高水资源的利用效率和效益。四是，调整粮食生产布局，减少高耗水作物的生产。针对干旱化对西南五省份粮食安全的影响，结合各省气候变化的特点，按照高产、优质、高效、生态的要求，调整粮食生产布局，发展特色农业，减少高耗水农作物的生产，发展集约型循环生态农业，全面提升粮食生产综合效益。

2.3　本章小结

我国是一个农业大国，并且呈现明显的二元经济结构特征，农村技术落后，生产力水平不高，农民的抗灾能力比较差，其中干旱灾害带来的损失是最为严重的，对农业威胁来说，旱灾占60%，这是农业生产的大敌，也是影响农民增收，甚至导致农民返贫的主要因素。恶劣的干旱灾害给农民带来作物减产或绝收损失、财产损失、生命健康损失及房屋损失等，甚至还会严重影响到粮食安全。本章首先介绍了我国干旱灾害现状，重点对我国干旱灾害的特点及影响进行了阐述。在此基础上，联系我国2010年西南五省份干旱灾害的实际情况，利用西南五省份的面板数据对我国农业干旱灾害与粮食安全进行实证研究，研究表明干旱灾害对我国粮食安全具有明显的影响。

3 农业旱灾脆弱性生成、演变与影响

3.1 农业旱灾系统分析

农业旱灾是干旱本身与多种外部因素共同作用形成的灾害现象。从自然灾害系统的角度看，致灾因子、孕灾环境、承灾体及人类社会经济脆弱性构成农业旱灾系统，它们之间相互影响、相互制约，处于动态变化之中，形成了一个具有一定结构、功能、特征的复杂的干旱灾害系统，影响着农业干旱灾害脆弱性水平，一起决定着旱灾灾情的大小。

当它们之间的平衡被打破时，就会形成灾害，影响灾情的时空分布和程度。致灾因子在孕灾环境中孕育，最终致灾因子作用于不同的承灾体，造成不同的损失，即承灾体影响致灾因子的致灾强度。致灾因子只有对承灾体造成损失时才能形成灾害，没有承灾体就没有灾害。人类作为主要的承灾体，也会反作用于致灾因子，或者促进其形成，或者采取积极措施防治、消除其产生。

农业干旱灾害系统是一个复杂性系统，具有如下突出特点（陈晓楠，2008）：

其一，系统组成的多维性。农业干旱灾害系统由致灾因子子系统、孕灾环境子系统、承灾体子系统和人类社会经济子系统组成，每一个子系统又包括许多次级子系统。例如，孕灾环境包括空间、时间及人文社会背景等次级子系统，而空间又可分为大气环境、水文环境以及下垫面环境等；如此逐层分解，形成了农业干旱灾害庞大的层次结构。显然，农业干旱灾害是一个"人—自然—社会"系统，维数极高。

其二，系统的不确定性。农业干旱灾害系统的不确定性包括随机性和模糊性。首先，降水具有随机性，包括时间分布上的随机性和空间分布上的随机性两个方面。降水在年际分布上的随机性造成有些年份雨量不足，有些年份却出现洪涝灾害，年内分布的随机性造成农作物有些生育阶段水量过多，而有些生育阶段却发生水分亏缺；降水在空间分布上的随机性则造成有些地区雨量充沛，而有些地区雨量不足，发生干旱。其次，农业干旱灾害不仅涉及自然因素的影响，还受到人为因素的干扰，其成因难以预测，干旱产生的影响也难以判断和衡量，具有模糊性。

综合上述，农业旱灾系统是一个复杂系统，致灾因子、孕灾环境和承灾体之间的关系彼此影响，互为因果，错综复杂。各子系统之间的相互关系如图 3-1 所示。

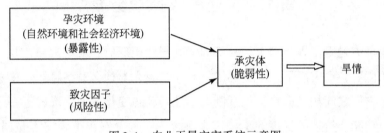

图 3-1　农业干旱灾害系统示意图

3.1.1　致灾因子子系统

致灾因子指降雨量减少等诱发干旱的因素，是指产生干旱的气象条件，例如，无雨少雨、气温偏高、蒸发量偏大及水资源短缺等。一般情况下，致灾因子变化越大，则区域干旱风险就越大，它是干旱风险危险性的主要表现形式。长时间无降水或降水偏少等气象条件是导致干旱或干旱灾害的主要因子。此外，人类活动对自然界所造成的人为破坏也是导致农业干旱灾害的重要原因，如环境污染等。当前干旱灾害的频繁发生，在许多情况下是由于人类对自然界的过度干预所导致。因此，在分析干旱灾害致灾因子时，必须考虑人为活动所产生的影响。

3.1.2　孕灾环境子系统

孕灾环境是指形成干旱灾害的环境，既包括地形地貌、气候、土壤等自然环境；还包括经济、社会、文化及制度等人文环境。孕灾环境的发展间接地影响到致灾因子的变化，是区域干旱风险暴露性的主要体现。孕灾环境是孕育致灾因子的环境条件，在不同的孕灾环境下，相同的致灾因子可以产生不同的灾情。例如，灌区自然特征、灌水技术、管理手段、配套农艺措施等不同，那么相同程度的干旱缺水，灌区发生的干旱程度就不尽相同。致灾因子又可以反作用于孕灾环境，改变孕灾环境。

除气象因素外，一个地区干旱灾害的强度和频度还与其他众多条件密切相关，干旱灾害的发生受区域降水量、水文地质条件的影响，良好的生态环境能够保持水土、涵养水源、维持农业生产系统稳定，对农业干旱灾害的形成起缓冲和加剧作用，间接影响农业干旱灾害脆弱性；而地形地貌条件造成水资源时空分布不均、水土资源不匹配，也容易造成旱灾频发；同时又与人类的科学技术水平和经济发展水平密切相关，例如，水利基础设施建设与利用效益直接影响干旱灾害脆弱性程度。

3.1.2.1 地貌特征

孝感市地处府环河冲积平原，大部分用地为环河一级、二级阶地，地势平坦，北高南低，高程（黄海高程）在 $23 \sim 26m$，地耐力 $18 \sim 30t/m^2$。城区最高渍水位 23.06m，夏季主导风向为东南风，冬季主导风向为北风。城区为地震烈度六度区。

3.1.2.2 气候条件

孝感市地处中纬度地带，属亚热带季风气候。境内四季分明，冬季盛行偏北风，夏季盛行偏南风，严寒酷暑时间短，春、秋、初夏气候温和时间长。雨量充沛，年平均降水量为 1133.8mm；光热充足，年平均日照时数为 1996.7h，年平均气温为 $16.0℃$，$\geq 10℃$ 的积温为 $5091.9℃$，有利于农作物发育、生长，是我国光、热、水等条件配合较好的地带。但孝感市初夏梅雨期暴雨频繁易洪涝，盛夏高温蒸发量大，常有伏旱。洪灾、旱灾成为全市主要的自然灾害。

3.1.2.3 土地资源

孝感市位于湖北省中北部偏东，市域南北长 188km，东西宽 122 km，市域总国土面积 8910 km^2，占湖北省国土总面积的 8%。全市辖三市（应城、安陆、汉川）三县（孝昌、大悟、云梦）一区（孝南区）。孝感城区位于市域南部、孝南区西部，地处东经 113.54°，北纬 30.56°。城区西依环河、东临滚子河、南靠老环河、北接京广铁路和军用机场，城市三面环水，一面临机场和铁路，城市空间被限定在相对狭小、封闭的地域环境内。316 国道与 107 国道穿越城区，东南至武汉市中心 60 km；东至武汉天河机场 36 km；西至云梦 21 km、应城 49 km；北至孝昌 45 km；南至汉川 52 km。①

3.1.2.4 水利资源

孝感市境内共有大小河流 40 多条，全长 1761 km。大的水系是"一江三河"，即汉江、府河、环河、汉北河。新中国成立以来，孝感市通过大规模的水利建设，基本形成防洪、灌溉、排涝三大工程体系，具体概况见表 3-1。②

表 3-1 孝感市水利资源概况

项目	具体内容
江河堤防	全市现有干、支、民、围堤总长 840.25km；其中汉江干堤长 161.06km，府澴河支堤长 121.93km，汉北河（含沦河）支堤长 124.493km，泛区围堤长 9.1km，民堤长 423.61km。堤防保护面积达 3398km^2，其中耕地 207 万亩。被保护人口 220 万人
江河涵闸	全市干支堤防建有涵闸 178 部，汉江 54 部，其中左岸 40 部、右岸 14 部。府澴河 67 部，其中左岸 33 部，右岸 34 部。汉北河 57 部，其中左岸 34 部，右岸 23 部
水库	水库主要分布在中北部丘陵山区。全市现有大小水库 405 座，控制流域面积 2509km^2。其中，大型水库有徐家河、郑家河、观音岩 3 座，控制流域面积 1075km^2。中型水库有八汊、金盆、芳畈、滑石冲、罗汉坡、界牌、姚河、彭店、丰店、宣化、清水河、幸福、短港、渔子河 14 座，控制流域面积 611km^2。小（一）型水库 94 座，其中孝南区 7 座，孝昌县 11 座，大悟县 23 座，安陆市 35 座，云梦县 1 座，应城市 17 座，控制流域面积 559.54km^2。小（二）型水库 294 座，其中孝南区 12 座，孝昌县 15 座，大悟县 100 座，安陆市 88 座，云梦县 5 座，应城市 74 座，控制流域面积 264km^2
大型排灌泵站	全市现有单机 155 万千瓦以上电力排灌站 64 处 303 台 10.113 万千瓦，其中单机 800 千瓦以上大中型泵站有汉川一、二站，大沙、分水、北泾咀、野猪湖、鲢鱼地、云梦、公路口、夹河沟、朱湖 11 座 49 台 62 000 千瓦。另有三元宫、田家岗、石塔寺、金泉等中型灌溉泵站

---

① 数据来源：http：//www.xgsghj.gov.cn/xgjj.asp.
② 数据来源：http：//www.hb.xinhuanet.com/zhuanti/2008-09/08/content_ 14345275.htm.

项目	具体内容
湖泊	孝感市的湖泊集中分布在南部，较大的湖泊有汈汊湖、王母湖、野猪湖、龙赛湖、东西汉湖、老观湖以及跨界的童家湖
分蓄洪区	孝感市现有9个分蓄洪区。其中省防指划定6个分蓄洪区，即龙赛湖、东西汉湖、汈汊湖、南垸、童家湖、幸福垸；市防指确定的分蓄洪区为环西、云安垸和义堂三垸3处

3.1.2.5 社会经济

孝感地貌自南向北为平原、丘陵、山区，气候兼有南北之优，土地肥沃，湖泊众多，是重要粮棉油生产基地。汉川刁莲、安陆银杏、大悟板栗、吉阳大蒜、焦湖莲藕、清水河蟹等农水特产品畅销全国。孝感市农业资源具有广阔的开发潜力，已先后建成了11个国家级商品粮、优质棉、"两高一优"示范区和名特水产品、畜禽、林果生产基地，培植了孝感麻糖米酒、安陆银杏、汉川水产、南大市场等十大农业产业化龙头企业集团，孝感市农业正在进一步向基地化、产业化方向发展。工业基本形成了以汽车、光学、电子、新型建材、盐磷化工等为主导产业的体系。科技教育事业发达，文化、体育设施齐备，医疗卫生机构健全，餐饮娱乐功能齐全，初步建立了与市场经济相适应的市场体系和社会保障服务体系。

3.1.3 承灾体子系统

承灾体是各种致灾因子作用的对象，是人类及其活动所在的社会与各种资源的集合。孝感地区承灾体子系统具有以下特征。

3.1.3.1 人口密度及农业人口所占比例较大

2004 年统计，孝感市国土面积8910km^2，其中耕地面积30.062 万 hm^2，占总面积25%左右，基本农田 29.2 万 hm^2，人均耕地约 0.048 hm^2，人口密度为 569 人／km^2。根据 2006 年《孝感统计年鉴》数据显示，2005 年年末，全市户籍总人口 506.01 万人，其中常住人口为 470.3 万人（常住半年以上），居住在城镇的人口 173.1 万人，占总人口的 34.2%，居住在乡村的人口 332.9 万人，占总人口的 65.8%；全市国内生产总值 404.2 亿元，其中农业总产值 171.0 亿元，占全市国内总产值的 42.3%。

3.1.3.2 农田基础设施建设不到位

水利工程设施不足带来的水源条件差也是导致旱灾的重要因素。水库及灌溉设施等农田水利建设力度不大，农田水利基础设施方面的支出比例没有随着地区经济发展水平的提高而提高。农田水利基础设施建设薄弱致使抵御干旱灾害能力不强；尤其是小型水利工程设施抗灾能力弱，不少小库和有的中库还存在白蚁危害、大坝渗漏、输水管老化、山体滑坡危及大坝和溢洪道安全等隐患；不少泵站和中小河流涵闸等设施老化失修，抗灾能力衰减。抗旱水源工程脆弱，已建的不少水源工程标准低、设施老化、土渠渗漏严重、灌区渠系不配套，小塘、小堰、小库抗旱能力弱。

3.1.3.3 耕地面积减少，土地质量退化

粗放式外延扩张的用地模式导致不合理占用和浪费土地现象十分普遍，大量耕地被占用。根据《湖北统计年鉴》的数据显示，1990 年孝感市年末耕地面积 29.641 万 hm², 人均耕地 0.055hm²；1995 年孝感市年末耕地面积 28.986 万 hm², 人均耕地 0.05hm²；2000 年孝感市年末耕地面积 24.710 万 hm², 人均耕地 0.049hm²；2007 年孝感市年末耕地面积 24.600 万 hm², 人均耕地 0.047hm²。不到 20 年时间，耕地面积减少了约 5 万 hm²，约占 17%。耕地如果按地速度继续减少下去，后果不堪设想。同时，由于缺乏必要的维护与保养，土地质量也出现退化现象。

3.1.4 人类社会经济子系统

除自然系统本身外，干旱灾害还受区域人口数量与素质、社会经济结构、收入水平、基础设施投入水平、区域产业政策和管理等因素的影响和制约。人口持续增长和社会经济快速发展会导致生活和生产用水不断增加，造成一些地区水资源过度开发，超出当地水资源的承载能力，干旱发生时也往往加重旱灾。

在农业干旱灾害脆弱性形成过程中，人口因素既是降低脆弱性的动力，也是增加脆弱性的根源之一。一方面，人口数量增加导致人均资源占有量减少。在资

源环境容量的制约下，人均耕地、人均水资源的减少必然会加大农业生产系统压力，成为加剧农业干旱灾害脆弱性的直接原因。另一方面，人作为最具有创造性和能动性的生产要素，其知识水平、技术和管理能力的提高，又可以接受和应用现代农业科学技术，改善农业经营管理、提高干旱灾害风险意识、增强防灾抗灾水平，从而降低农业干旱灾害脆弱性。

3.2 农业旱灾脆弱性的特殊生成机制

农业旱灾脆弱性是农业系统抵御旱灾的能力或受损失的程度，在农业生态环境和社会经济活动稳定的情况下，农业旱灾脆弱性随干旱强度增大而升高。而在干旱强度一定的情况下，农业旱灾灾情及其影响则与农业旱灾脆弱性程度一致。农业旱灾脆弱性不仅是农业体系特点决定的内在属性，更是农业体系外在风险积聚状态的反映。

3.2.1 农业旱灾脆弱性的微观生成机理：微观主体行为分析

3.2.1.1 农户

农户是农业旱灾最主要的受灾方。农业生产的特性决定了它对自然条件的依赖性较强，农户在自然灾害面前往往显得无能为力。特别是推行家庭联产承包责任制后，我国的农业生产采取小农户经营的模式，小农户经营的模式扩大了农户自主经营的积极性，但不便于统一应对自然灾害，在自然灾害面前，单个小农户是脆弱的。另外，从心理因素来看，公众有限理性也会导致农户的脆弱。有限理性主要表现在两个方面：羊群效应与灾难短视行为。

羊群效应是指人们经常受到多数人影响，而跟从大众的思想或行为，也被称为"从众效应"。这个概念后来被金融学家借用来描述金融市场中的一种非理性行为，指投资者趋向于忽略自己的有价值的私有信息，而跟从市场中大多数人的决策方式。羊群行为表现为在某个时期，大量投资者采取相同的投资策略或者对于特定的资产产生相同的偏好。在农业风险的防范与管理方面，农户的行为往往受到周围民众的影响。如果有一部分人采取不积极的态度，那么其他的人也会仿效。如果这一群体的人数比例较大，就会出现群体仿效的羊群行为。

学术界的"灾难短视"行为指低估发生灾难性后果的可能性，尤其是对发生频率低，上一次经历又是在很久之前的事件。

短视行为一：灾难防范不深入，临时抱佛脚。对于旱灾，人们往往注重灾后的修复与重建，而忽略了灾前的防范。因而，对起着防旱抗旱作用的农田水利基础设施的重要性认识不够，导致农田水利基础设施建设不足，如我国农村大部分的农田水利设施基本上处于年久失修的状态。如果做好旱灾的防范工作，受灾人数和受灾面积可以降低很多。

短视行为二：以生态环境的破坏换取经济的发展。在城镇化和工业化的道路上，一些地区和国家利用廉价的资源，不合理地开发、利用自然资源和兴建工程项目，不顾后果地向环境疯狂索取，并排放大量污染物，引起生态环境的退化，从而对人类的生存环境产生不利影响的现象。例如，水土流失、土壤沙漠化、盐碱化、资源枯竭、气候变异及生态平衡失调等。

3.2.1.2 农业保险公司

农业保险公司是农业保险的供给者，发挥着分散旱灾风险，保护农业生产与生活的作用。我国目前农业保险保费收入、保险险种、保险机构、从业人员均处于较低水平，农业保险市场处于萎缩甚至停滞状态。由于自然灾害的突发性与不可预测性，农业保险的赔付率非常高。自 1982 年恢复至今，我国农业保险业务发展并不令人满意：从保险公司的经营收益看，1982～2001 年，中国人保农业险的总保费收入为 70 亿元，总赔款为 62 亿元，平均赔付率为 88%，还有大致 20% 的经营费用，共计亏损 6 亿多元；从农业险保费收入看，1992～2000 年农业险保费收入由 8.62 亿元减少至 3.87 亿元，年均递减 9.5%；农业险的险种也被不断缩减，由最多时的 60 多个险种减少到目前的不足 30 个（刘慧侠和赵守国，2004）。总之，能起到分散风险、增强农户应对干旱灾害能力的农业保险是脆弱的。

3.2.1.3 政府

在自然灾害管理中，当市场失灵时，政府就要发挥它的干预调节功能了，如政府对自然灾害的援助和政府对农业保险的补贴。2004～2007 年，连续 4 年中央

1号文件都明确提出要建立政策性农业保险制度，并进行试点①。只有当政府干预的收益大于政府干预的成本时，政府干预才是有效的。然而众多事例证明，在市场失灵时，政府也不是万能的，由于政府失灵，本想弥补市场失灵的政府也不是必然能增加整体的福利水平。如果能享受政府提供的援助，农户通过参与农业保险分散风险的积极性就会降低，且在灾后自救的积极性也会受到一定程度的影响。甚至有学者认为农业保险补贴是商业保险公司介入农业保险市场的障碍。

地方政府对农业旱灾风险的认识和投入也会影响防旱抗旱行为及效果。一些地方政府仅仅只是干旱出现后才被动降水与灌溉，没有把水土流失治理和生态建设作为一项农业可持续发展的政策。

3.2.2　农业旱灾脆弱性的中观生成机理：深层次制度根源

从中观制度层面看，制度在降低人们旱灾脆弱性方面起着关键作用，制度在重塑农业易旱环境的努力中对地方、区域、国家甚至国际都是至关重要的。目前，我国这种创新制度调整存在潜在障碍，而这些障碍会完全阻碍有效适应或减少适应成效。

我国特定的旱灾风险管理与保险制度、农业灾害补偿制度、农业保险补贴制度等的不健全是影响我国农业旱灾脆弱性的中观制度因素。

3.2.2.1　意识形态的宣传教育制度缺乏

旱灾前缺乏必要的防备措施，且人们对能分散灾害风险的农业保险积极性不高。这在很大程度上是因为人们风险意识淡薄，缺乏旱灾脆弱性和气候威胁意识，缺乏专门的宣传教育制度，农户存在侥幸心理。他们往往比较注重眼前既得

---

① 中央1号文件原指中共中央每年发的第1份文件。但是，现在"中央1号文件"已经成为中共中央重视农村问题的专有名词。2004年2月8日，21世纪的第1个关于"三农"的中央1号文件公布。这是改革开放以来第6个涉农的中央1号文件。自此，中央1号文件重新锁定"三农"问题。2004年1月，《中共中央国务院关于促进农民增加收入若干政策的意见》中第七部分（深化农村改革，为农民增收减负提供体制保障）的第十九条指出：加快建立政策性农业保险制度，选择部分产品和部分地区率先试点，有条件的地方可对参加种养业保险的农户给予一定的保费补贴。2005年1月，《中共中央国务院关于进一步加强农村工作提高农业综合生产能力若干政策的意见》第七部分（改革和完善农村投融资体制，健全农业投入机制）的第二十三条指出：扩大农业政策性保险的试点范围，鼓励商业性保险机构开展农业保险业务。2009年在中央有关"三农"的1号文件中提出要增加险种，特别是要加大对中西部农业保险的支持。

利益，而对未来可能发生的灾害缺乏全面周详的考虑，时常抱有一种侥幸心理，不愿意未雨绸缪做些准备或购买保险以分散风险。

3.2.2.2 旱灾风险管理与保险方面的规范制度缺失

这些制度的缺乏主要包括：各级政府之间缺乏明确划定的权利与责任；政府缺乏实施新的体制所要求的科学管理能力；缺乏对气候、土壤和农业条件等基本数据的信息和分析；缺乏干旱早期预警和数据收集系统；缺乏充足的财政资源；缺乏旱灾脆弱性和气候威胁意识。

3.2.2.3 农业灾害补偿制度的缺乏

现有农业灾害补偿制度面临着两大基本矛盾：一是以生活救济为主的自然灾害救济制度不能为市场化水平不断提高的农业提供有力补偿；二是为市场化农业提供灾害补偿的农业保险业务急剧萎缩，由商业保险公司支撑农业保险的路子已走到尽头。因此，我国缺乏适应社会主义市场经济发展需要的农业灾害补偿制度，而灾害补偿制度的缺乏导致农户整体的抗灾能力不高，在旱灾面前显得非常脆弱（徐亚平等，2008）。

3.2.2.4 农业保险补贴制度的欠缺

农业面临较大的自然风险，农业保险赔付率高，因此保险公司往往收不抵支。政策性农业保险的财政补贴是国家对农业这一弱质产业进行扶持和政策保护的重要体现，然而这一政策在实践中离实际需求尚有较大差距，补贴险种和具体补贴办法等方面还存在许多问题[①]。例如，政府财政对农业保险补贴力度不足；农业保险补贴的标准难以确定；政府补贴的效率不高等。庹国柱和朱俊生（2005）认为农业保险补贴涉及补贴多少，补给谁，以及如何补等问题。对于补贴多少，要在政府补贴与农民愿意参与（在自愿投保条件下）之间寻求平衡。对于补给谁、如何补的问题，他认为，首先要确定对政策性农业保险的补贴范

[①] 政策性农业保险，是指保险公司开展的由政府提供保费补贴的特定农作物、特定养殖品种的保险。自 2007 年起，我国开始推行由中央财政支持的政策性农业保险，保险金额由中央财政、地方财政和农户共同承担。2008 年，由中央财政安排 60.5 亿元（是 2007 年中央财政斥资的 3 倍）健全农业保险保费补贴制度，试点工作已由 6 个省份扩展至 16 个省份和新疆生产建设兵团。

围，制定补贴规则；其次需要确定保险公司做了多少符合政策性规定的农业保险业务，然后才能进一步确定应该为每一类符合政策性要求的业务提供多少补贴，以及这些补贴在中央和省（自治区、直辖市）之间如何分担。

3.2.2.5 农业保险监管制度缺陷

现行的农业保险监管组织体系和法律体系存在制度缺陷，监管处于低效状态。我国目前的农业保险主要由保险监督管理委员会（以下简称保监会）来推动，作为商业性保险监管部门的保监会能否单独担当监管重任，以及如何监管政策性农业保险是一个值得探讨的问题。同时，监管法律法规滞后是影响监管效率和质量的又一因素。

3.2.3 农业旱灾脆弱性的宏观生成机理：宏观环境分析

3.2.3.1 气候环境因素：气候环境变化导致风险性事件增加

农业是弱质性行业，农业以生命有机体作为生产对象，自然环境条件对农业生产经营活动有着决定性影响。自然生态环境及其变化成为农产品产量及其品质的关键约束条件。因此，自然条件的不确定性及生态环境的脆弱性使农业生产面临超常的自然风险（胡敏华，2007）。进入 20 世纪 80 年代后，全球气温明显上升。1981～1990 年全球平均气温比 100 年前上升了 0.48℃。全球变暖使全球降水量重新分配、冰川和冻土消融、海平面上升等，从而严重危害自然生态系统的平衡，导致近些年各种与天气相关的自然灾害频繁发生。

3.2.3.2 市场因素：农业保险市场信息不对称

信息不对称是指交易双方所掌握的信息在数量和质量上存在差异，即一方掌握的信息数量较多、质量较高，而另一方则恰好相反。信息不对称一般会导致两种行为反应：道德风险和逆向选择①。与其他保险市场一样，农业保险市场同样

---

① 在农业保险中逆向选择一般是指潜在风险较大的农民隐瞒某种危险和投保动机，有目的地投保农业保险的某个险种，使危险集中，这不仅损害其他被保险人的利益，又可能使保险人给付的保险金额剧增，甚至收不抵支。

面临着道德风险和逆向选择的问题，而且这个问题比其他保险市场更为严重。

1）道德风险在农业保险中的表现及给农业保险经营带来的风险

道德风险在农业保险中的表现是农民可能会通过作为或不作为使得保险损失发生的可能性增加或严重性加大，但保险公司处于信息劣势地位，对于相关信息无从得知或知之很少。由于标的的特殊性及影响因素的多重性，农业保险市场面临的生产者道德风险的问题比其他保险市场更为严重。这主要是由于农业保险的保险标的大多是活的动植物，风险事故发生后的实际损失与投保人的风险态度及施救措施等密切相关。同样的农作物灾害，如果投保人积极预防并采取措施补救，损失程度就会降低很多（刘悦，2006）。

在存在道德风险的情况下，被保险人在投保后可能做出使不利事件发生概率上升或保险公司赔偿金额增加的行为。道德风险加大了事故发生的机会。以畜禽保险为例，在投保人没有购买畜禽保险的情况下，往往会采取多种防范措施以防止畜禽生病、死亡。例如，精心饲养、细心照料、积极预防和治疗疾病等，因此畜禽生病、死亡的概率较小。如果投保人一旦向保险公司购买了畜禽保险，由于畜禽死亡由保险公司负责赔偿，他们的防范意识降低，就有可能不再采取防范性措施，从而导致畜禽死亡的概率增加，进而使保险公司遭受巨大的损失。如果没有有效的措施对付道德风险，将不会有任何商业性保险公司愿意从事畜禽保险业务，整个市场将呈现供给不足的萎缩状态。

2）逆向选择在农业保险中的表现及给农业保险经营带来的风险

农业保险公司与农民之间对于保险标的信息是不对称的，农民处于信息优势的一方，他们知道什么样的保险费是最恰当的。在自愿投保的情况下，农民往往选择风险系数大的标的。易于发生旱灾、洪灾的地块是他们投保的首选，而旱涝保收的低风险地块则投保积极性不高。同时，积极投保的人往往也都是最懂得转嫁风险的人，也是面临风险更大的人，他们比保险人更确切地知道什么水平的保险费率是公平的。因此，保险费率低了他才购买，标的风险高他就投保。所以保险公司手中往往更多集中了高风险标的。

农业保险中的道德风险和逆向选择普遍存在，这使农业保险公司面临着高监督成本和高赔付损失的两难选择。如果因信息不对称而产生的成本过高，保险公司就会减少农险产品的供给，或者根本不供应农业保险产品。因此，保险双方信息的不对称，导致在承保、理赔中的逆向选择和道德风险成为农业保险经营中的重大风险，这也是国内外经营农业保险共同面临的难题。

首先，逆向选择会增加农业保险公司的调查费用。由于逆向选择的存在，被保险人作为一个理性的经济人，为了支付较少的保费而获得较高的保险金保障，会尽量隐瞒自己的危险事实。而对于保险公司，在这种情况之下，必然会对投保人进行更加细致的调查，以确保投保人所给出的信息是真实的，而这种调查就会增加保险公司的调查费用，使其利润减少。

其次，逆向选择使优良的客户逐渐被排挤出市场。由于逆向选择的存在，遭受损失的可能性较小的"低风险者"将远离保险，市场上将只剩下遭受损失可能性较大的"高危险者"与保险公司进行交易，从而使保险公司的效益受到损失（李琳和游桂云，2003）。

总之，逆向选择会增加保费厘定的困难，使可保风险变为不可保风险，造成保费和风险之间的恶性循环。从长远的角度看，最终市场上将只有那些相对风险最高的人才会买保险，保险公司所要承担的风险也是相当高。因此，优良的客户不断地被排挤出市场之外，保险市场不断萎缩，甚至使一些业务无法开展。

3.2.3.3 行为因素：人类不适当的经济活动、社会行为与管理方式

虽然干旱是一种因气象因素造成的自然现象，但近现代人类活动增加温室气体排放引起的全球变暖，也加大了极端干旱的出现频率和强度。人口增长、资源的过度开采及城镇化带来耕地减少、土壤退化与环境的破坏，而农业资源与环境的破坏恰恰是农业旱灾脆弱性加剧的动力之一。人类活动能够改变孕灾环境状况和承灾体脆弱性，加剧或减缓旱情。

我国农业生产很大程度上依然是传统的"靠天收"，且当前农业生产的科学技术和现代化水平都比较低，水利基础设施建设存在年久失修的现象，水资源开发利用效率也不高，这些不合理的生产管理方式也是导致脆弱性的因素之一。

3.2.3.4 法律因素：法律不健全，监管不力

农业旱灾脆弱性与农业保险法律体系和政府监管能力密切相关。法律体系的欠缺和监管不力是造成我国农业旱灾脆弱性的重要原因。农业保险作为一项农业

发展和保护制度，对法律法规有很强的依赖性。而我国目前还未制定专门的农业保险法律法规，也没有专门的农业保险管理条例。农业保险法律法规建设的缺位导致政策性农业保险的经营主体、组织推动、准备金积累等方面缺乏明确的制度安排，严重影响了农业保险的规范化发展。同时，由于没有立法支持，一些地方政府及保险公司对各项支持政策的持续性也存有疑虑，在制定相关配套政策、建立长效机制方面力度不足。

3.3　从农业旱灾脆弱性到干旱灾害的演化机制

干旱属于自然环境演变过程中出现的正常现象，而干旱成灾则与人类社会经济活动过程中存在的脆弱性密不可分。旱灾脆弱性是指农业系统容易受到干旱影响并形成损失的特性，它是在农业系统各要素动态变化及其相互影响的过程中形成的，它不等于干旱灾害（商彦蕊，2004）。由旱灾脆弱性到干旱灾害还有一个演化的过程。干旱灾害是致灾因子（降水不足）、孕灾环境（经济、社会、制度、土地利用等）、承灾体（农作物和农业人口）相互作用的产物（史培军，1996）。旱灾灾情是对系统存在的旱灾脆弱性的揭示和表达。脆弱性是农业系统容易受到干旱影响并形成损失的特性，它是在农业系统各要素动态变化及其相互影响的过程中形成的，脆弱性反过来又成为干旱成灾的驱动因素。对于同期、同等强度的干旱，即使同一区域，不同承灾体的灾情也存在很大的差别。至于哪些地块、哪些作物、哪些人受灾，为什么会受灾等问题，应该追溯到致灾因子以外的社会经济和人类反应能力等因素，这些因素产生脆弱性的压力。众多的事实也说明人类活动能够改变孕灾环境状况和承灾体脆弱性，加剧或减缓旱情。

3.3.1　内在生成机制

受降雨量减少等气候条件变化的影响，会出现干旱趋势。如果此时农户及社会经济系统本身很脆弱，这样危机"自我实现"过程就出现了。由这个"自我实现"过程也可以看出旱灾脆弱性的重要作用。假如经济、社会及农户等各个系统非常稳健，有足够的能力应对各种情况，那么干旱灾害就不会发生。

导致农业干旱脆弱性迅速转化为干旱灾害的内在生成机制包括灌溉模式、基层治理、农民合作等（贺雪峰和申端锋，2012）。

一是统筹灌溉模式解体。通过新中国成立以来的农田水利化运动，我国农业灌溉形成了一整套较为成熟的灌溉模式，即以各级政府组织，尤其是基层组织为主导的模式，这一模式强调统筹而非参与，以行政边界为组织范围，我们将这种灌溉模式称为"统筹模式"，①统筹模式的最小统筹单位建立于自然村落之上，大中小型水利工程相互配合组成一个有效的灌溉系统。

小农生产与统筹灌溉是一对矛盾，在分田到户至税费改革前，两者通过乡、村、组三级治理体系得以对接。税费改革后，取消"两工"和共同生产费制度，合村并组，取消村民小组长，基层治理体系弱化，其作为小农生产与统筹灌溉的中介无法发挥作用，基本上退出农业生产领域，而基于农民自愿的合作又无法维系，导致统筹灌溉模式解体。

二是基层水利服务体系弱化。目前基层水利服务"最后一公里"问题突出。调查显示，到2010年全国有近40%的乡镇没有水利站，由于条块分割、管理不顺，大部分基层水利站下放乡镇后，水利员围着乡镇工作转，无法有效履行水利服务职能，不少地方基层水利服务体系线断、网破、人散。基层水利服务体系建设滞后，管理主体缺位，致使一些小型农田水利工程处于"政府管不到、集体管不好、群众管不了"的局面。②

2005年，湖北省对乡镇七站八所实行市场化改革，推行"花钱买服务"，水利站也在被改革的行列，改革后的水利站成为水利服务中心。从调查来看，乡水利服务中心的职能弱化，乡镇政府失去了在农田水利上的统筹能力。综合配套改革后，与其他事业单位一样，水利站也被推向所谓的市场，其职能大大弱化。

三是农户合作陷入困境。税费改革后，基层组织退出农业生产领域，农民各种各的田，其集体行动能力严重不足，合作困难。每到抗旱季节，农户与水管单

---

① 从历史的角度分析我国农田灌溉的组织机制，可大致将其划分为三个时期：1952年前是传统时期，以合作为主；1952年政府开始倡导合作化运动，于1955年进入集体制，直到1982年重新恢复家庭经营制，这一时期可称为集体化时期，灌溉组织机制是纯粹的统筹；1982年后为后集体化时期，统筹与合作在不同时段所占比例不同。1982～1988年统筹较少，当时政策重心是落实家庭联产承包责任制，只重"分"，而忽视了"统"；1988～2000年统筹占主导，中央要求乡村组织"积极为家庭经营提供急需的生产服务"、"兴办集体企业，以增强为农户服务和发展基础设施的经济实力"；2000年后，随着集体企业的破产或改制、农业税费改革、农村水利的市场化，合作又成为政府倡导的组织机制，其标志是生产统筹费（有的称共同生产费）被取消，合作组织——农民用水户协会得到推广。

② http://www.mwr.gov.cn/slzx/mtzs/rmrb/201208/t20120820_ 328048.html.

位为价格、放水时间、放水水耗的承担等问题，发生矛盾；另外，农户与上游的村庄之间，为管水、漏水、偷水问题，也发生矛盾；或者与其他农户合伙用水困难，等等。当村社组织不再可以采用带有一定强制性措施来组织农户灌溉时，若分散的农户仍然要依靠大中型水利设施，则那些最为需要灌溉用水的农户就最为强烈地希望组织起来对接大中型水利设施，而那些上游的、水利条件好一点的农户则指望搭便车。

3.3.2　外在冲击机制

3.3.2.1　信息不对称与脆弱性

信息不对称是指交易双方所掌握的信息在数量和质量上存在差异，即一方掌握的信息数量较多、质量较高，而另一方则恰好相反。信息不对称一般会导致两种行为反应：逆向选择和道德风险。在市场经济活动中，由于信息不对称，政府的政策效应会受到影响，农户的选择行为也会呈现非理性化，同时还会增加商业活动主体行为的难度与复杂性。因而，由于信息不对称，应对旱灾的整个社会经济系统会变得脆弱，干旱致灾的强度也会加强。信息不对称问题在农业旱灾脆弱性进一步深化并最终演变为干旱灾害危机的传导过程中发挥着重要作用。因为信息不对称在农业旱灾脆弱性深化的过程中充当着危机"导火线"的作用。

3.3.2.2　地区经济结构调整与脆弱性

在城镇化与工业化发展的过程中，为推动地方经济的发展，政府部门会把大部分的财力、物力与人力投资于工业化的进程，而对传统的农业部门投入不足。农业部门存在很大"靠天收"的成分，在干旱与洪涝等灾害面前会显得异常脆弱，进一步会导致干旱灾害的发生。

3.3.2.3　农业保险市场不完善与脆弱性

一是农业保险等金融产品供给冲击，即由于农业保险、农村小额信贷供给不足，从而导致风险分散能力有限所带来的冲击。由于农业保险市场信息不对称、风险大、利润低等特点，我国商业保险不愿意介入农险，而政策性农业保险也存在一定的困境，农业保险的标的价值、保险利益、保险金额的认定、保险责任的确定、损失责任的认定和测算，都是非常细致和艰难的工作。由于农村金融风险高，运营成本高，收益低，农村小额信贷供给严重不足。农村金融较好的发展方向应该是跨领域合作，例如，农村保险和银行信贷的结合，商业保险对农户、农作物等提供保险，都会大大降低农村信贷的风险，但目前这块结合不够，未来农村金融应该在这个方面有所突破和发展。对此，相关部门和机构还应多做基层调研，加大政策引导，大力发展农业保险、农作物保险等。

二是实际需求冲击，因为农业保险需求不足，使整个保险市场发展缓慢，从而给保险业带来的冲击。自 2004 年以来，连续四年的中央一号文件都对发展农业保险提出了具体要求。农业保险具有分散农业风险、稳定农民收入、为农业信贷提供担保、促进农业产业化、均衡收入再分配等重要功效。我国目前农业种植主要是人工耕作，生产力低下，人均耕种面积小，年收入很低，并且保险意识不强；而农业保险，由于其本身的特点，其成本较高，这就决定了高保险费率。在高保险费目前，农民往往无力承担或者不愿意承担，从而造成我国农业保险需求不足，农业保险保费收入占财产保险保费收入的比例仅为千分之几，与我国 63.91% 的农村人口比例大不相称。因此，一旦干旱发生，农民往往非常脆弱，容易因旱致灾。

3.3.2.4 农业保险制度变迁与脆弱性

我国作为一个转轨中的市场经济国家，市场机制还不是很完善，各种制度正处在不断的调整变革中。农业保险也经历了新中国成立初期的迅猛发展、中期的停滞和改革开放以来的持续发展 3 个不同的阶段；其间农业保险制度也经历了曲折的变迁，尤其是在政府主导型的经济变革和强制性制度变迁背景下，政府行为模式影响会形成特定的农业保险制度变迁的路径。

一方面，我国金融市场的不完善及农业风险特有的性质决定了农业保险暂时不能完全由市场提供。但另一方面，农业保险市场信息不对称使政府直接经营的成本太高，且政府补贴又会在一定程度上产生"挤出效应"和福利损失。因此，农业保险制度的变迁是政府、保险公司与农民三者在利益博弈过程中的不断调整与变革。值得注意的是，农业保险制度不能移植，不能照搬照用国外先进的做法，而只能在借鉴中自我适应与调整①。

从制度经济学的视角来看，受农业保险制度变迁的影响，保险制度稳定性的不足和结构缺陷是农业风险脆弱性的重要因素。农业保险制度各子系统发展的不平衡往往导致系统内部失衡。农业保险机构和农业保险市场的不断创新也会不断冲击原有的保险制度。在这种背景下，面对日益频繁的干旱等灾害，农业保险制度往往显得不合时宜，因而脆弱性相伴而生。

3.3.2.5　国际冲击与脆弱性

随着国际经济一体化加强，国际政治、经济环境的变化、气候变化和国际突发事件对一国经济的影响力越来越大。如美国 2012 年遭遇了半个世纪以来最严重的旱灾，旱灾影响的不仅是美国本土，也会对全球其他国家带来一场价格风暴。美国旱情可能造成一系列连锁反应：农产品大幅减产、农产品减产推高农副产品价格、国际农产品价格高企或将推高 CPI，并且全球食品价格上涨也会导致通胀上升，进而加深全球经济复苏危机，并遏制新兴经济体的增长活力。同时，近几年来，受美国次贷危机和欧洲债务危机的影响，世界各国经济受到不同程度的影响，这也会影响到一国的经济实力和抗风险能力。在外界的强大冲击下，一国在灾害面前或许更为脆弱，容易因旱致灾。

3.4　农业旱灾脆弱性与我国农村贫困的灰色关联分析

与天气相关的自然灾害总是与贫困紧密相连，对农业威胁来说，干旱所造成的经济损失在我国自然灾害中占第一位，约占 60%。干旱影响在很大程度上取决于干旱发生时社会的脆弱性，干旱灾害是干旱风险和社会脆弱性相互作用的结果。

我国是一个干旱灾害明显的国度，特别是干旱持续时间长、范围广、旱情重

---

① 制度移植是现代制度建构的一种重要方式。正如青木昌彦所说，制度虽然是人为的，但并非任意设计或随意执行的产物。对于制度采纳者来说，移植的制度是外生的，必然遇到与本土环境及既有的内生制度如何"耦合"的问题。如果"耦合"不好，这些制度就无法被有效实践。在农业保险制度变迁中，我国的二元性经济结构等特殊国情决定了我国不能完全照搬其他国家的农业保险制度。因而，制度只能借鉴，不能移植。

等给农业生产造成了很大影响。除此之外，农业旱灾还导致农村人口和牲畜的饮水困难及经济作物损失等，如 2005 年的旱灾直接经济损失达 200 多亿元，造成 2350 万人饮水困难。作为一个发展中国家，我国二元经济结构明显，农民收入及科技水平不高，农村基础设施建设滞后等影响到农民和社会对干旱的脆弱性程度，这也是导致农民因灾致贫、因灾返贫的重要原因。受全球气候变暖的影响，一些干旱地区的干旱情况会变得越来越明显，且这些地区往往是贫困地区。因此，定量分析旱灾脆弱性与贫困的关系对于提高抗灾能力和减少贫困具有一定的指导意义。

3.4.1　资料来源与指标选取

本书所用样本数据来自《中国统计年鉴》《中国农村统计年鉴》《中国农业年鉴》《中国农村贫困检测报告》及《新中国五十五年统计资料汇编 1949 - 2004》1999 ~ 2006 年度的历史数据。本书借鉴国内外学者（Shamsuddin and Houshang，2008；商彦蕊，1999；杨奇勇等，2007）等的研究，联系我国的实际并考虑数据的可获得性方面的要求，拟定的旱灾脆弱性影响指标如下：农业 GDP 所占比例（X_1）；农业就业人口所占比例（X_2）；耕地灌溉率（X_3）；单位面积粮食总产量（X_4）；财政支农支出（X_5）；农村恩格尔系数（X_6）；农民人年均工资性收入占纯收入比例（X_7）[①]。

3.4.2　原理和步骤

灰色关联分析是分析系统中各因素关联程度的定量方法，是一种多因素统计分析法，它以各子因素时间序列与母因素时间序列数据为基础计算母子因素的关联度，用关联度来描述母子因素间关系强弱、大小和次序（刘思峰等，2000）。灰色关联分析可在不完全的信息中对要分析研究的各因素，通过一定的数据处理，在随机的因素序列间，找出它们的关联性。因此，特别适合像农业旱灾脆弱

---

① 联系我国的实际并考虑数据的可获得性方面的要求，此处旱灾脆弱性的影响指标初步拟定如此，本书第 4 章专门对旱灾脆弱性的评价指标体系进行了具体详细的介绍。

性这类数据有限、没有模型、复杂且具有不确定性问题的分析和评价。

计算关联度包括以下步骤。

(1) 设原始数据列为 $X_0 = \{x_0 (k), k=1, 2, \cdots, n\}$（$X_0$ 代表农村贫困发生率（%）），比较数据列为 $X_i = \{x_i (k), k=1, 2, \cdots, n\}$（$i=1, 2, \cdots, n$）（表 3-2）。

表 3-2 近年来我国农业旱灾脆弱性影响因子资料表 (1999~2006 年)

年份	(X_0)	X_1	X_2	X_3	X_4	X_5	X_6	X_7
1999	3.7	17.6	50.1	41.14	50 838.6	1 085.76	52.6	28.52
2000	3.4	16.4	50.0	41.97	46 217.5	1 231.54	49.1	31.17
2001	3.2	15.8	50.0	42.51	45 263.7	1 456.73	47.7	32.62
2002	3.0	15.3	50.0	43.16	45 705.8	1 580.76	46.2	33.94
2003	3.1	14.4	49.1	43.77	43 069.5	1 754.45	45.6	35.02
2004	2.8	15.2	46.9	44.49	46 946.9	2 337.63	47.2	34.00
2005	2.5	12.24	44.8	45.08	48 402.2	2 450.31	45.5	36.08
2006	2.3	11.34	42.6	45.77	49 746.6	3 172.97	43.0	38.33

(2) 初始化处理，对单位不同或初值不同的数列进行处理，使之无量纲化、归一化（表 3-3）。

表 3-3 指标归一化处理后的参数

年份	(X_0)	X_1	X_2	X_3	X_4	X_5	X_6	X_7
1999	1.61	1.55	1.18	1.00	1.18	1.00	1.22	1.00
2000	1.48	1.45	1.17	1.02	1.07	1.13	1.14	1.09
2001	1.39	1.39	1.17	1.03	1.05	1.34	1.11	1.14
2002	1.30	1.35	1.17	1.05	1.06	1.46	1.07	1.19
2003	1.35	1.27	1.15	1.06	1.00	1.62	1.06	1.23
2004	1.22	1.34	1.10	1.08	1.09	2.15	1.10	1.19
2005	1.09	1.08	1.05	1.10	1.12	2.26	1.06	1.27
2006	1.00	1.00	1.00	1.11	1.16	2.92	1.00	1.34

（3）求关联系数中两级差（表3-4）。

表3-4 指标最小差和最大差

年份	Δ_1	Δ_2	Δ_3	Δ_4	Δ_5	Δ_6	Δ_7
1999	0.06	0.43	0.61	0.43	0.61	0.39	0.61
2000	0.03	0.31	0.46	0.39	0.35	0.34	0.37
2001	0.00	0.22	0.36	0.34	0.05	0.28	0.25
2002	0.05	0.13	0.25	0.24	0.16	0.23	0.11
2003	0.08	0.20	0.29	0.35	0.27	0.29	0.12
2004	0.12	0.12	0.14	0.13	0.93	0.12	0.03
2005	0.01	0.04	0.01	0.03	1.17	0.03	0.18
2006	0.00	0.00	0.11	0.16	1.92	0.00	0.34
$\min\Delta_i(k)$	0.00	0.00	0.01	0.03	0.05	0.00	0.03
$\max\Delta_i(k)$	0.12	0.43	0.61	0.43	1.92	0.39	0.61

（4）求关联系数。对表3-4中$\min\Delta_i$和$\max\Delta_i$所在的行，再分别求两级最小值与两级最大值，即

$$\min_i \min_k \Delta_i(k) = 0, \ \max_i \max_k \Delta_i(k) = 1.92$$

最后根据关联系数公式

$$\xi_i(k) = \frac{\min_i \min_k \Delta_i(k) + \rho_i \max_i \max_k \Delta_i(k)}{\Delta_i(k) + \rho_i \max_i \max_k \Delta_i(k)}$$

分别求得关联系数，即

$\xi_1 = (0.94, 0.97, 1, 0.95, 0.92, 0.81, 0.99, 1)$；$\xi_2 = (0.69, 0.76, 0.81, 0.88, 0.83, 0.89, 0.96, 1)$；

$\xi_3 = (0.61, 0.68, 0.73, 0.79, 0.77, 0.87, 0.99, 0.90)$；$\xi_4 = (0.69, 0.71, 0.74, 1, 0.80, 0.73, 0.88, 0.97, 0.86)$；

$\xi_5(0.61, 0.73, 0.95, 0.86, 0.78, 0.51, 0.45, 0.33)$；$\xi_6 = (0.71, 0.74, 0.77, 0.81, 0.77, 0.89, 0.97, 1)$；

$\xi_7 = (0.61, 0.72, 0.79, 0.90, 0.89, 0.97, 0.84, 0.74)$。

（5）求关联度。关联系数的信息过多且过于分散，因而必须将每一数列的各个指标的关联系数集中体现于一个值上，这就是灰色关联度。灰色关联度通常用平均值法计算，即

$$R_i = \frac{1}{n} \sum_{k=1}^{n} \xi_i(k)$$

由此可得灰色关联度分别为：$R_1 = 0.9485$，$R_2 = 0.8522$，$R_3 = 0.7920$，$R_4 = 0.8538$，$R_5 = 0.6530$，$R_6 = 0.8321$，$R_7 = 0.8079$。

（6）求关联序。从大到小进行排序，即得灰色关联序：$R_1 > R_4 > R_2 > R_6 > R_7 > R_3 > R_5$。

3.4.3　结果与分析

从计算所得的关联度和关联序可以看出，农业旱灾脆弱性影响因子与农村贫困有着密切的关系。以上灰色关联序表明：农业旱灾脆弱性影响因子中农业 GDP 所占比例对农村贫困影响最大，单位面积粮食总产量的影响次之，其他依次为农业就业人口所占比例、农村恩格尔系数、农民人年均工资性收入占纯收入比例、耕地灌溉率及财政支农支出。这说明了对农业依赖度越大越脆弱，越容易因旱致贫；农业基础设施、农村居民自身收入情况及政府财政支农等脆弱性影响因子都对农村贫困有着很大的影响。

农业旱灾脆弱性水平受农户自身、政府、社会及制度等多重因素的影响。如何适应气候变化，防范或减轻干旱风险，减轻我国农村贫困水平是本书研究的最终目的。

1）农户视角：降低敏感性、提高适应性

对农户自身来说，要提高对气候变化的适应性，降低敏感性；注重科学知识的学习，提高干旱风险意识，提前做好预防；多样化收入渠道，增加非农收入，减少对农业的依赖度。在条件许可的情况下，可考虑迁移出灾害易发区。

2）政府视角：增加财政支农支出，完善政策性农业保险

政策性农业保险是建立农业防灾减灾新机制和转变财政支农方式重大创新，对增强农业抗风险能力、稳定农业生产发展、确保粮食供应、保护农民利益有积极作用。地方各级政府要积极调整优化支出结构，落实农业保险保费财政补贴资金，规范资金拨付程序，提高补贴资金使用效益。

3) 市场视角：发展农村小额信贷资本市场及各种中介组织

农户、政府及各种社会活动都离不开市场，完善的市场机制和市场体系有利于提高各种市场主体运行的效率。对于农户来说，农村小额信贷资本市场的发展可以起到平滑消费的作用。在受到干旱影响的情况下，农村小额信贷资本市场可以为农户提供贷款，满足农户正常生产和生活的需要，不至于因灾削减正常支出，甚至以牺牲子女上学或健康为代价。同时，降低干旱的脆弱性也需要各种市场中介组织的支持，如提供干旱信息与咨询的风险评估公司及研究气候变化、提供技术支撑的研究机构等。

总之，缓解干旱的脆弱性和农村贫困是一项复杂的系统工程，需要社会各界的共同努力。

3.5 本章小结

本章先从宏观上对农业旱灾系统的构成进行了分析，农业旱灾系统包括致灾因子子系统、孕灾环境子系统、承灾体子系统与人类社会经济子系统四个部分。其中，致灾因子指降雨量减少等诱发干旱的因素；孕灾环境是指形成干旱灾害的环境，包括地形地貌、气候及土壤等自然环境；承灾体指干旱灾害危害的对象，如干旱地区农作物的生长、人畜的饮水安全及人身财产安全等；人类社会经济包括经济、社会、文化与制度等影响因素。结合孝感市的实际情况，本章在每一个方面进行了简单的介绍。在此基础上，本章重点从微观、中观与宏观三个视角阐述了农业旱灾脆弱性的特殊生成机制。

首先，对微观主体行为进行了分析。微观主体主要包括农户、农业保险公司和政府三者。农户是农业旱灾最主要的受灾方。小农户经营模式及公众有限理性是导致农户脆弱的主要因素。农业保险公司是农业保险的供给者，发挥着分散旱灾风险的作用。然而，由于信息的不对称及相关制度法律的不完善，能起到分散风险、增强农户应对干旱灾害的农业保险也是脆弱的。在自然灾害管理中，当市场失灵时，政府就要发挥它的干预调节功能了，如政府对自然灾害的援助和政府对农业保险的补贴。然而，由于政府失灵，本想弥补市场失灵的政府也不是必然能增加整体的福利水平。其次，从中观视角，深入剖析农业旱灾脆弱性的深层次制度根源。我国特定的旱灾风险管理与保险制度、农业灾害补偿制度及农业保险补贴制度等的不健全是影响我国农业旱灾脆弱性的中观制度因素。例如，意识形态的宣传教育制度缺乏、旱灾风险管理与保险方面的规范制度缺失、农业灾害补偿制度的缺乏、农业保险补贴制度的欠缺、农业保险监管制度缺陷等。最后，对农业旱灾脆弱性生成的宏观环境进行了分析。气候环境变化导致风险性事件增加。由于农业保险市场信息不对称，道德风险和逆向选择给农业保险经营带来风险，甚至会使保险公司遭受巨大的损失，如果没有有效的措施对付道德风险，将不会有任何商业性保险公司愿意从事保险业务，整个市场将呈现供给不足的萎缩状态。同样的，逆向选择会增加保费厘定的困难，优良的客户不断地被排挤出市场之外，保险市场也会不断萎缩。人类不适当的经济活动、社会行为与管理方式使农业资源与环境遭受破坏，从而改变了孕灾环境状况和承灾体脆弱性，加剧了旱情。法律体系的欠缺和监管不力是造成我国农业旱灾脆弱性的重要原因。

　　本章还对农业旱灾脆弱性到干旱灾害的演化机制进行了分析。其一是内在生成机制，即受降雨量减少等气候条件变化的影响，会出现干旱趋势。其二是外在冲击机制，如信息不对称、地区经济结构调整及农业保险制度变迁等。本章在前人研究的基础上结合我国的实际情况，归纳了旱灾脆弱性影响因子，并应用灰色系统理论分析计算了旱灾脆弱性影响因子与我国农村贫困的关联度，得到了一些有益的结论。

　　总之，认识旱灾的本质是减灾管理的前提与基础。旱灾是多种因素共同作用的结果，基于脆弱性的视角探讨干旱灾害的防治是一种新的尝试，对于科学合理的防旱抗旱具有非常重要的意义。

4 基于层次分析法的孝感农业
旱灾脆弱性模糊综合评价

4.1 脆弱性评估主要研究方法评析

在脆弱性评价工作中，评价方法作为其必不可少的手段具有重要意义。国内外文献中目前应用的脆弱性评价方法主要有以下几种：数理统计方法、特尔斐法（专家咨询法）、综合评价法与人工神经网络评价法等。

4.1.1 数理统计方法

数理统计方法是以概率论为基础，运用统计学的方法对数据进行分析，研究导出各有关因素之间相互联系的规律性（即统计规律）。它主要是利用样本的平均数、标准差、标准误、变异系数率、均方、检验推断、相关、回归、聚类分析、判别分析、主成分分析、正交试验、模糊数学和灰色系统理论等有关统计量的计算来对实验所取得的数据和测量、调查所获得的数据进行有关分析研究得到所需结果的一种科学方法。具体地讲，数理统计方法是研究从一定总体中随机抽取一部分（称为样本）的性质，来推断和预测总体的性质的一类有效方法。数理统计方法解决实际问题的一般步骤包括：建立数学模型，收集整理数据，进行统计推断、预测和决策。较常用的方法如非参数统计、多元统计分析、回归分析、相关分析、聚类分析、模糊数学和灰色系统理论分析等。

4.1.2 特尔斐法

特尔斐法（Delphi method）又称专家咨询法，是用书面形式广泛征询专家意见，直到使各位被调查专家达成比较一致意见的一种群体决策过程，是目前确定脆弱性指标权重及脆弱性程度衡量标准的主要方法之一（宋秋洪等，2008）。特尔斐法具有专家匿名表示意见、多次反馈和统计汇总等特点。使用特尔斐法首先应明确咨询主题，使熟悉该专题的专家能清晰地理解问题的性质、内容和范围。其次是要找到一批经验丰富而又熟悉该专题的专家，特别是这些专家中具有代表性的人物。由于专家评价的最后结果是建立在统计分布的基础上，所以具有一定的不稳定性。不同专家的直观评价意见和协调情况不可能完全一样，这是特尔斐法的主要不足之处。杨彬云等（2008）运用专家咨询法和层次分析法相结合的方法确定承灾体脆弱性综合评价中的权重。石勇等（2008）考虑到层次分析法和专家咨询法在定量分析与客观状况吻合方面有较多优越性，在上海浦东新区自然灾害脆弱性评价中采取此方法确定各指标权重。

4.1.3 综合评价法

综合评价法是运用多个指标对多个参评单位进行评价的方法，也称多变量综合评价方法。其基本思想是将多个指标转化为一个能够反映综合情况的指标来进行评价。在综合评价过程中，一般要根据指标的重要性进行加权处理；评价过程不是逐个指标顺次完成的，而是通过一些特殊方法将多个指标的评价同时完成的；评价结果不再是具有具体含义的统计指标，而是以指数或分值表示参评单位"综合状况"的排序。

综合评价法简单、容易操作，是目前脆弱性评价中较常用的一种方法。其基本思想是：按照一定的标准建立脆弱性评价指标体系，利用数理统计方法合成脆弱性指数，以此来衡量研究区域评价单元脆弱性程度的大小，是目前脆弱性评价中较常用的一种方法（李鹤等，2008）。

由于其简单、容易操作，虽然该方法在脆弱性评价中广泛应用，但其对脆弱性的评价缺乏系统的观点。它忽略了脆弱性各构成要素间的相互作用机制，与脆弱性内涵之间缺乏相互对应的关系，同时在指标的选择和权重的确定上缺乏有效性。综合评价法包括主成分分析法、数据包络分析法、层次分析法和模糊综合评价法等几种。

4.1.3.1 主成分分析法

主成分分析也称主分量分析，旨在利用降维的思想，把多指标转化为少数几个综合指标。主成分分析是多元统计分析的一个分支，是将其分量相关的原随机向量，借助于一个正交变换，转化成其分量不相关的新随机向量，并以方差作为信息量的测度，对新随机向量进行降维处理。再通过构造适当的价值函数，进一步进行系统转化。主成分分析是希望用较少的变量去解释原来资料中的大部分变异，将许多相关性很高的变量转化成彼此相互独立或不相关的变量。通常是选出比原始变量个数少，能解释大部分资料中变异的几个新变量，即所谓主成分，并用以解释资料的综合性指标。

4.1.3.2 数据包络分析法

数据包络分析（data envelopment analysis，DEA）是一个线形规划模型，表示为产出对投入的比率。通过对一个特定单位的效率和一组提供相同服务的类似单位的绩效的比较，它试图使服务单位的效率最大化。DEA 法不仅可对同一类型各决策单元的相对有效性做出评价与排序，而且还可进一步分析各决策单元无效率的原因及其改进方向，并通过对无效率和有效率单位的比较，发现降低无效率的方法，从而为决策者提供重要的管理决策信息。

4.1.3.3 层次分析法

层次分析法（analysis hierarchy process，AHP）是美国运筹学家 T. L. Saaty 于 20 世纪 70 年代初提出的一种定量与定性相结合的多目标决策分析方法。这种方法的优点是具有高度的逻辑性、系统性、简洁性和实用性，是一种通过逐层分解和比较来处理复杂问题的系统方法（许树柏，1988）。

AHP 法是根据问题的性质和目标将问题分层，形成阶梯形的、有序的层次结构模型；然后对模型中每一层次因素的相对重要性进行定量描述；再利用数学方法确定每一层次所有因素相对重要性顺序的权重；最后通过综合计算各层次因素相对重要性次序的组合权值，以此作为评价和选择方案的依据。AHP 法将人的主观判断用数量形式表达，减少了人为的主观性所带来的弊端，使评价结果更加可信；但是由于事物的不确定性和模糊因素，专家经常会对评价指标不能做出完全合理的判断。AHP 法的应用研究很多，陈香（2008）将 AHP 法运用于区域农业水灾脆弱性的评价中。苏筠等（2005）、杨春燕等（2005）、王瑞燕等（2009）运用 AHP 法中的两两要素相对重要性的比较法构建判断矩阵综合确定各要素的权重。

4.1.4　人工神经网络评价法

人工神经网络（artificial neural networks，ANN）是一个非线性动力学系统，它具有大规模的并行处理和分布式的信息存储能力，良好的自适应性、自组织性及很强的学习、联想、容错及抗干扰能力（宋秋洪等，2008）。其特色在于信息的分布式存储和并行协同处理，它能解决具有一定内在规律（且这个规律不是很明确，有一定的模糊性）的问题（贺新春等，2005）。ANN 由大量简单的神经元广泛联接而成，它依托计算机获得高超的计算能力，并通过模拟人脑思维方式的复杂网络系统，利用已经积累的各种知识取得类似于人的识别和联想能力。因此，利用 ANN 对已知环境样本进行学习，获得先验知识，学会对新样本的识别和评价（原佩佩，2006）。

4.1.5　模型模拟研究方法

模型模拟研究是农业对气候变化的脆弱性研究最常用方法之一，主要以作物产量作为最终衡量标准来确定农业系统的气候变化脆弱程度。目前主要有计量经济模型模拟、复合模型模拟与综合模型模拟三种方法。

4.1.5.1　计量经济模型模拟

计量经济模型是由一系列子模型所构成的非线性模型，通过子模型对于外界变量（如温度、降水、辐射等）的变化来解释或预测模型的内在变量（土壤、天气、遗传特性及管理措施等）的状态改变，最终以作物产量来衡量对气候变化的脆弱程度（贺新春等，2005；宋秋洪等，2008；郑有飞等，2009；唐为安等，2010）。许有鹏等（2005）选取长江下游太湖东苕溪流域，以流域下垫面特征为参数开展流域特征变化下的洪水模拟研究，着重分析降雨的波动、土地利用/覆被变化、水利工程建设及城市化发展对洪水的影响。江志红等（2009）利用 Weibull 分布拟合逐日降水的原始分布模式，并基于统计降尺度和蒙特卡罗随机模拟方法，对中国东部区域各站逐日极端降水量在未来气候变暖条件下的响应特征进行统计数值试验。此类方法可以较容易地进行农业气候变化敏感性分析，但是不能很好的表示一些重要的非线性特征。

4.1.5.2 复合模型模拟

复合模型模拟是将作物模型和经济决策模型相结合，以一种模型的模拟结果作为输入量输入到另一种模型中，来模拟农业气候脆弱性。该模型综合考虑了气候脆弱性和社会经济适应能力，但不能很好地表示农业脆弱性和经济适应性的一些重要关系（贺新春等，2005；宋秋洪等，2008；郑有飞等，2009；唐为安等，2010）。

4.1.5.3 综合模型模拟

为了改进计量经济模型和复合模型的不足，很多学者应用综合模型研究农业气候变化脆弱性。综合模型模拟同时将生物物理因素和经济社会因素综合到一个模型中，模拟农业对气候变化的脆弱性，即同时考虑农业的气候敏感因素及自身的适应能力因素，这样就能比较全面、客观地分析农业的气候变化脆弱性程度，也消除了前两种方法中的缺点，是今后运用模型模拟农业脆弱性的主要方法（贺新春等，2005；宋秋洪等，2008；郑有飞等，2009；唐为安等，2010）。许有鹏等（1995）将遥感信息经过数字图像处理，以 GIS 空间数据库作支撑，结合常规图件进行流域下垫面覆盖和土壤分类，再通过转换计算，根据各参数的物理特性，对模型参数分别加以确定。所推求模型的参数就集中反映了流域下垫面的变化特征，同时模型通过雨量过程的输入计算，就可综合模拟分析流域径流过程变化特征。

4.1.6 熵值法

在信息论中，熵值是对不确定性的一种度量。信息量越大，不确定性就越小，熵也就越小；信息量越小，不确定性越大，熵也就越大。根据熵的特性，我们可以通过计算熵值来判断一个事件的随机性及无序程度，也可以用熵值来判断某个指标的离散程度，指标的离散程度越大，该指标对综合评价的影响越大。武玉艳等（2009）利用熵值法对盐城市 2006 年农业洪涝灾害脆弱性进行了评价。

随着脆弱性研究的深入，脆弱性评价方法也日益多样化。上面介绍的脆弱性评价方法都有各自的优缺点，选择哪一种评价方法恰当，需要评价者根据评价目的的不同，采用互补的方式对方法进行集成，加强综合集成的方法在脆弱性评价中的应用。脆弱性评价不仅要对评价区域的脆弱性程度给出科学合理的度量，同时还要将这种定量评价转化为指导实践的有用信息传达给决策者，这就要求评价者必须要在数据的转换和评价结果的解释之间进行合理的平衡。此外，脆弱性评价的客体都是具有动态开放性的多结构、多层次、多形态的高度复杂的系统，但脆弱性评价不能面面俱到，需要抓住复杂系统脆弱性产生的关键过程及机制展开脆弱性评价（李鹤等，2008）。

在今后的研究中，我们需要进一步改进各种脆弱性评价方法，加强评价指标的建立，提高脆弱性评价的全面性，改进各种模型，提高脆弱性评价的准确性。经过对以上方法的比较，本节选用了基于层次分析法的模糊综合评价模型对孝感农业旱灾脆弱性进行了评价。

4.2　孝感农业旱灾脆弱性模糊综合评价

4.2.1　问题的提出

伴随着世界各国工业化和城镇化步伐的加快，全球气候面临着严峻的挑战。特别是近年来全球气候变暖加快，天气急剧变动引发农业自然灾害频发，旱灾发生的频度及破坏性程度越演越烈。我国是一个干旱灾害明显的国度，特别是干旱持续时间长、范围广、旱情重等给农业生产造成很大影响。干旱灾害是旱灾风险和社会经济脆弱性相互作用的结果。灾害学理论认为，减灾应从减小致灾因子的风险性和降低灾害脆弱性两方面入手。因此，降低旱灾脆弱性就成为减灾的主要途径，更是减灾、防灾和治灾的根本（史培军，1996）。

本章以《孝感市统计年鉴》的数据资料为基础，根据指标选取原则，构建孝感市农业旱灾脆弱性评价指标体系和评价模型，对孝感市农业旱灾脆弱性进行了评价。

4.2.2 层次分析法和模糊综合评价法模型

4.2.2.1 层次分析法

层次分析法是美国运筹学家 T. L. Saaty 于 20 世纪 70 年代初提出的一种定量与定性相结合的多目标决策分析方法。这种方法的优点是具有高度的逻辑性、系统性、简洁性和实用性,是一种通过逐层分解和比较来处理复杂问题的系统方法(丁家玲和叶金华,2003)。

层次分析法是首先根据问题的性质和目标将问题分层,形成阶梯形的、有序的层次结构模型;然后对模型中每一层次因素的相对重要性进行定量描述;再利用数学方法确定每一层次所有因素相对重要性顺序的权重;最后通过综合计算各层次因素相对重要性次序的组合权值,以此作为评价和选择方案的依据。层次分析法将人的主观判断用数量形式表达,减少了人为的主观性所带来的弊端,使评价结果更加可信。但是由于事物的不确定性和模糊因素,专家很难对评价指标做出完全合理的判断。层次分析法的应用研究很多,陈香(2008)将层次分析法运用于区域农业水灾脆弱性的评价中。苏筠等(2005)、杨春燕等(2005)、王瑞燕等(2009)运用层次分析法中的两两要素相对重要性的比较法构建判断矩阵综合确定各要素的权重。

假设有某一规划决策目标 U,其影响因素有 V_i($i=1$,2,$\cdots$,n)共 n 个,且 V_i 对规划决策目标的重要性权数分别为 w_i($i=1$,2,$\cdots$,n),则 $U=w_1V_1+w_2V_2+\cdots+w_nV_n$。

影响因素 V_i 对目标 u 的重要性权数 w_i 不同,将目标 u 的 n 个因素就其影响程度两两进行比较,其比较结果用矩阵 A 表示,即

$$A = \begin{pmatrix} w_1/w_1 & w_1/w_2 & \cdots & w_1/w_n \\ w_2/w_1 & w_2/w_2 & \cdots & w_2/w_n \\ \vdots & \vdots & & \vdots \\ w_n/w_1 & w_n/w_2 & \cdots & w_n/w_n \end{pmatrix}$$

A 即为判断矩阵。如果 A 满足一致性条件,则通过解特征值 $Aw=\lambda w$ 所得到的 $w=(w_1$,w_2,$\cdots$,$w_n)^T$ 经归一化处理后就可以作为目标 u 的影响因素 V_1,V_2,$\cdots$,

V_m 的权重。

4.2.2.2 模糊综合评价法

模糊综合评价方法是由美国控制论专家扎德（L. A. Zadeh）提出的一种定量的科学评价方法。它在全面考虑和尽量简化评价基本因素的前提下，运用模糊数学方法进行推论和演算，将具有不同权重的各专家的评分结果综合成一个总评定值，形成一个综合性判断，然后对评价对象做出优劣程度的等级区分。其应用的成功之处关键在于正确规定模糊评价的论域和合理构造模糊评价矩阵。应用这种评价方法，各指标的权重具有非常重要的地位，但模糊综合评价法的权重通常是各专家根据经验给出的，难免带有主观局限性。蒙海花和王腊春（2007）采用模糊综合评判的原理和方法评价了喀斯特地区生态脆弱性。

评价等级论域 U 确定旱灾脆弱性的分级。设评价等级有 n 个，其评价等级论域 U 可表示为 $U = (u_1, u_2, \cdots, u_n)$。

假设有 m 个评价因素，评价因素论域 V 表示为 $V = (V_1, V_2, \cdots, V_m)$，规定好评价论域后，根据评价等级论域 U 和评价因素论域 V 之间存在的模糊关系建立模糊评价矩阵 R，即

$$R = \begin{array}{c} V_1 \\ V_2 \\ \vdots \\ V_m \end{array} \begin{pmatrix} r_{11} & r_{12} & \cdots & r_{1n} \\ r_{21} & r_{22} & \cdots & r_{2n} \\ \vdots & \vdots & & \vdots \\ r_{m1} & r_{m2} & \cdots & r_{mn} \end{pmatrix} = (r_{ij})_{m \times n}$$

然后，将模糊评价矩阵与各个因素的权值相乘，将其结果作为评价等级。

4.2.3 孝感农业旱灾脆弱性评价的具体实践与应用

4.2.3.1 确定评价指标体系和评价标准

运用层次分析法筛选出最重要的关键性评判指标，并根据它们之间的关系构造多层次指标体系。基于孝感市的实际情况，我们从经济、社会及政治3个方面选取17个指标作为旱灾脆弱性评价的指标体系，见表4-1。

表 4-1　评价指标体系

目标层	准则层	权重	指标层	子权重
农业旱灾脆弱性模糊综合评价（A）	经济脆弱性 U_1	W_1	金融机构贷款/存款比例 C_{11}/%	W_{11}
			人均 GDP C_{12}/元	W_{12}
			农业 GDP/GDP 比例 C_{13}/%	W_{13}
			外出务工/乡村从业人员总数比例 C_{14}/%	W_{14}
			第一产业收入/年均纯收入比例 C_{15}/%	W_{15}
			耕地灌溉率 C_{16}/%	W_{16}
农业旱灾脆弱性模糊综合评价（A）	社会脆弱性 U_2	W_2	婴儿死亡率 C_{21}/‰	W_{21}
			医疗卫生支出/财政总支出比例 C_{22}/%	W_{22}
			教育支出/财政总支出比例 C_{23}/%	W_{23}
			乡村外出从业人员小学及以下程度所占比例 C_{24}/%	W_{24}
			乡村女性劳动力就业比例 C_{25}/%	W_{25}
			农村居民家庭人均纯收入/城镇居民家庭人均可支配收入比例 C_{26}/%	W_{26}
	政治脆弱性 U_3	W_3	税收收入 C_{31}/万元	W_{31}
			财政总支出 C_{32}/万元	W_{32}
			全社会固定资产投资 C_{33}/万元	W_{33}
			农村合作医疗参保率 C_{34}/%	W_{34}
			人口自然增长率 C_{35}/‰	W_{35}

4.2.3.2　构造因素判断矩阵

将影响农业旱灾脆弱性的 n 个因素就其影响程度两两进行比较，构成判断矩阵 A。A 中的元素表示某两个影响因素对旱灾脆弱性评价目标的相对重要性程度之比的赋值。判断矩阵应由熟悉农业自然灾害风险评价的专家学者独立给出。判断矩阵中元素的赋值标准，见表 4-2。

表 4-2　判断矩阵中元素的赋值标准

赋值	含义
1	表示两个元素具有同样的重要性
3	表示一个元素比另一个元素稍微重要
5	表示一个元素比另一个元素明显重要

续表

赋值	含义
7	表示一个元素比另一个元素强烈重要
9	表示一个元素比另一个元素极端重要
2、4、6、8	为上述相邻判断的中值

资料来源：丁家玲和叶金华，2003

4.2.3.3　评价因素和评价因子权重的确定

根据评价因素判断矩阵进行层次单排序，进而确定评价因素和评价因子权重。层次单排序的权重值可通过解 $AW=\lambda_{max}W$ 的特征值，求出正规化特征向量而得到。求判断矩阵的最大特征根 λ_{max} 及其对应的特征向量 W，将 W 归一化，可得同一层次中相应元素对于上一层次中的某个因素相对重要性的排序权值（丁家玲和叶金华，2003）。

λ_{max} 的确定步骤为：①按行相乘，所得乘积开 n 次方得 W_i；②将 W_i 归一化得 w_i；③计算 $\lambda_i=\dfrac{\sum_{j=1}^{n}a_{ij}w_j}{w_i}$；④ $\lambda_{max}=\dfrac{\sum_{i=1}^{n}\lambda_i}{n}$。

层次总排序是在层次单排序的基础之上，计算针对上一层次而言下一层次所有元素的权重值。计算权重向量后需要对每个判断矩阵进行一致性检验，计算它的一致性比例 CR，以保证所得权重的合理性及正确性。定义 $CI=\dfrac{\lambda_{max}-n}{n-1}$，$CR=\dfrac{CI}{RI}$，其中 CI 为判断矩阵的一致性指标，RI 为平均随机一致性指标。对于 1~9 阶判断矩阵，RI 值见表 4-3。当 CR<0.1 时，则认为判断矩阵具有满意的一致性，否则需要将判断矩阵表反馈到专家手中重新调整，直到满意为止。

表 4-3　判断矩阵的平均随机一致性指标 RI

1	2	3	4	5	6	7	8	9
0.00	0.00	0.58	0.90	1.12	1.24	1.32	1.41	1.45

记 A-U 表示目标层对于准则层的判断矩阵，Ui-C 表示准则层的指标 Ui 对于方案层的判断矩阵，i=1，2，3，4。下面给出各判断矩阵，并求出最大特征值及

权重向量见表 4-4 ~ 表 4-7。

表 4-4　判断矩阵 *A-U*

A	U_1	U_2	U_3	W_i	一致性检验
U1	1	2	2	0.50	$\lambda_{max}=3$
U2	1/2	1	1	0.25	CI=0
U3	1/2	1	1	0.25	CR=0<0.1

表 4-5　判断矩阵 U_1-C

U_1	C_1	C_2	C_3	C_4	C_5	C_6	W_i	一致性检验
C_1	1	1/3	1/4	1/3	1/2	1/4	0.059 9	$\lambda_{max}=6.342\,9$
C_2	3	1	3/4	1	4/3	3/4	0.176 3	CI=0.068 6
C_3	4	4/3	1	4/3	2	1	0.217 8	CR=0.055 3<0.1
C_4	3	1	3/4	1	4/3	1/2	0.164 8	
C_5	2	3/4	1/2	3/4	1	1/2	0.124 7	
C_6	4	4/3	1	2	2	1	0.256 5	

表 4-6　判断矩阵 U_2-C

U_2	C_1	C_2	C_3	C_4	C_5	C_6	W_i	一致性检验
C_1	1	1/8	1/8	1/6	1/3	1/4	0.046 1	$\lambda_{max}=6.208\,4$
C_2	8	1	1	4/3	3	2	0.266 9	CI=0.041 7
C_3	8	1	1	4/3	3	2	0.266 9	CR=0.033 6<0.1
C_4	6	3/4	3/4	1	2	3/2	0.196 3	
C_5	3	1/3	1/3	1/2	1	1	0.099 1	
C_6	4	1/2	1/2	2/3	1	1	0.124 7	

表 4-7　判断矩阵 U_3-C

U_3	C_1	C_2	C_3	C_4	C_5	W_i	一致性检验
C_1	1	1	4/3	2	4	0.284 1	$\lambda_{max}=5.103\,6$
C_2	1	1	4/3	2	4	0.284 1	CI=0.025 9
C_3	3/4	3/4	1	3/2	3	0.212 9	CR=0.023 1<0.1
C_4	1/2	1/2	2/3	1	2	0.141 9	
C_5	1/4	1/4	1/3	1/2	1	0.071 0	

以上层次排序都具有满意的一致性。将各层次间的重要性权值转化为相对于总目标的综合权重，见表4-8。

表 4-8　综合权重

指标	U_1	U_2	U_3	各指标权重
C_{11}	0.059 9			0.019 9
C_{12}	0.176 3			0.058 8
C_{13}	0.217 8			0.072 6
C_{14}	0.164 8			0.054 9
C_{15}	0.124 7			0.041 6
C_{16}	0.256 5			0.085 5
C_{21}		0.046 1		0.015 4
C_{22}		0.266 9		0.089 0
C_{23}		0.266 9		0.089 0
C_{24}		0.196 3		0.065 4
C_{25}		0.099 1		0.033 0
C_{26}		0.124 7		0.041 6
C_{31}			0.284 1	0.094 7
C_{32}			0.284 1	0.094 7
C_{33}			0.212 9	0.071 0
C_{34}			0.141 9	0.047 3
C_{35}			0.071 0	0.023 7

由表4-8可以看出，农业GDP所占比例、耕地灌溉率、医疗卫生支出所占比例、教育支出所占比例、乡村外出从业人员小学及以下程度所占比例、税收收入、财政总支出、全社会固定资产投资8个指标权重较大。这几个指标涵盖经济、社会及政治3个方面，该结果能较好地反映出这8个指标对农业旱灾脆弱性的影响程度，比较符合实际情况。

4.2.3.4　构造模糊评判矩阵，进行模糊矩阵的复合运算，确定评价等级

根据《孝感统计年鉴》中的相关数据构造模糊评判矩阵 R。将农业旱灾脆弱性评价指标权重 $W=(w_1, w_2, \cdots, w_n)$ 及模糊评价矩阵 R 进行如下运算

$$B = W \cdot R = (w_1, \ w_2, \ \cdots, \ w_n) \begin{pmatrix} r_{11} & r_{12} & \cdots & r_{1n} \\ r_{21} & r_{22} & \cdots & r_{2n} \\ \vdots & \vdots & \ddots & \vdots \\ r_{m1} & r_{m2} & \cdots & r_{mn} \end{pmatrix} = (B_1, \ B_2, \ \cdots, \ B_n)$$

依据上述确定的指标体系及资料的获得性，我们以县域为评价单元，选取表4-9中的17个因子作为孝感市旱灾脆弱性评价的因子，由此确定因子集 U。

表4-9　孝感市2007年农业旱灾脆弱性模糊评价数据表

评价单元	孝南区	孝昌县	大悟县	安陆市	云梦县	应城市	汉川市
金融机构贷存款比例/%	77.30	40.51	28.29	55.68	42.12	49.07	72.86
人均GDP/元	8 439	5 778	7 788	9 452	12 055	12 495	12 286
农业GDP/GDP比例/%	23.12	38.87	29.25	29.10	25.21	27.60	23.14
外出务工占乡村从业人员总数比例/%	29.40	57.20	54.22	65.57	80.98	63.52	47.16
第一产业收入占年均纯收入比例/%	43.39	52.80	45.40	54.22	41.73	54.85	56.84
耕地灌溉率/%	93.55	75.44	44.79	82.74	97.67	100.00	91.66
婴儿死亡率/‰	2.44	9.47	8.47	6.36	7.85	6.21	3.66
医疗卫生支出占财政总支出比例/%	8.63	7.96	3.32	6.69	5.11	5.16	7.01
教育支出占财政总支出比例/%	28.92	40.20	29.30	30.29	32.21	29.61	28.12
乡村外出从业人员小学及以下程度所占比例/%	16.73	15.03	10.03	16.15	16.21	13.93	15.57
乡村女性劳动力就业比例/%	46.61	46.87	47.94	48.26	48.29	47.71	46.76
农村居民家庭人均纯收入占城镇居民家庭人均可支配收入比例/%	39.42	30.93	34.37	44.85	51.44	47.86	50.24
税收收入/万元	10 040	3 924	4 838	9 016	10 885	18 150	64 089
财政总支出/万元	54 620	39 032	46 432	49 701	48 510	58 000	85 532
全社会固定资产投资/万元	218 833	188 463	196 446	258 244	224 082	293 230	358 225
农村合作医疗参保率/%	81.00	90.00	75.00	79.00	85.00	80.00	82.00
人口自然增长率/‰	6.63	5.41	4.15	5.52	4.01	2.97	4.60

为了计算的简便，我们对表4-9中的原始数据进行数学处理。其中，C_{13}、C_{15}、C_{21}、C_{24}、C_{35}等指标与旱灾脆弱性呈正相关，即数值越大，脆弱性越强，故采取公式 $x_i = \dfrac{x_i'}{x_{i\max}}$ 处理；而其他指标与旱灾脆弱性呈负相关，因此处理的方法是

$x_i = 1 - \dfrac{x_i'}{x_{i\max}}$，其中 x_i' 表示各因子数列中的每一项，经过这样处理后，17 个因子与旱灾脆弱性的关系就一致了，将表 4-9 中数据处理后，其结果见表 4-10。

表 4-10　孝感农业旱灾脆弱性模糊评价数据处理表

评价单元	孝南区	孝昌县	大悟县	安陆市	云梦县	应城市	汉川市
金融机构贷存款比例/%	0.00	0.48	0.63	0.28	0.46	0.37	0.06
人均 GDP/元	0.32	0.54	0.38	0.24	0.04	0.00	0.02
农业 GDP/GDP 比例/%	0.59	0.00	0.75	0.74	0.65	0.71	0.60
外出务工占乡村从业人员总数比例/%	0.64	0.29	0.33	0.19	0.00	0.22	0.42
第一产业收入占年均纯收入比例/%	0.76	0.93	0.80	0.95	0.73	0.96	1.00
耕地灌溉率/%	0.06	0.25	0.55	0.17	0.02	0.00	0.08
婴儿死亡率/‰	0.26	1.00	0.89	0.67	0.83	0.66	0.39
医疗卫生支出占财政总支出比例/%	0.00	0.08	0.62	0.22	0.41	0.40	0.19
教育支出占财政总支出比例/%	0.28	0.90	0.27	0.25	0.20	0.26	0.30
乡村外出从业人员小学及以下程度所占比例/%	1.00	0.90	0.60	0.97	0.97	0.83	0.93
乡村女性劳动力就业比例/%	0.03	0.03	0.01	0.00		0.01	0.03
农村居民家庭人均纯收入占城镇居民家庭人均可支配收入比例/%	0.23	0.40	0.33	0.13		0.07	0.02
税收收入/万元	0.84	0.94	0.92	0.86	0.83	0.72	
财政总支出/万元	0.36	0.54	0.46	0.42	0.43	0.32	
全社会固定资产投资/万元	0.39	0.47	0.45	0.28	0.37	0.18	
农村合作医疗参保率/%	0.10		0.17	0.12	0.06	0.11	0.09
人口自然增长率/‰	1.00	0.82	0.63	0.83	0.60	0.45	0.69

4.2.3.5　确定各个参评对象权值总排序

将表 4-10 中的数据构成一个 7 行 17 列的矩阵 **R**，将表 4-9 中的各指标权重构成一个列矩阵 **W**，然后将 **R** 与 **W** 相乘得到各县市的脆弱度，见表 4-11。

表 4-11   孝感市农业旱灾脆弱性评价结果

地区	孝南区	孝昌县	大悟县	安陆市	云梦县	应城市	汉川市
2007 年农业旱灾脆弱度	0.409 2	0.426 4	0.509 1	0.424 8	0.383 9	0.363 3	0.345 0

根据计算得出 2007 年孝感市 7 个地区农业旱灾脆弱性总排序为：大悟县>孝昌县>安陆市>孝南区>云梦县>应城市>汉川市。根据相同的方法，对孝感市其他年份旱灾脆弱度进行测度，其结果与孝感市最近几年干旱灾害发生与分布的情况基本吻合，而且更能精确反映各评价指标的大小关系。由表 4-11 看出，孝感市农业干旱灾害脆弱性存在明显的差异性，7 个评价单元中大悟县的旱灾脆弱性程度最高，这表示大悟县干旱灾害风险性最强，是旱灾风险管理的重点区域。

4.2.4   研究区农业旱灾脆弱性评价结果与分析

依据本章选择的旱灾脆弱性评价指标和数理模型得出结论，研究结果表明：孝感市中部与北部为高度旱灾脆弱区，这与该区中的北旱多于南旱且重于南旱的旱灾地域性特征基本吻合。

应用模糊综合评价方法测度农业旱灾脆弱性有效地弥补了农业旱灾脆弱性定量化研究的不足。该方法充分考虑了农业旱灾脆弱性评价的不确定性与模糊性，能较好地消除脆弱性评价中的主观性和随意性，而且该方法简单易行，具有较强的实用性与可操作性。同时，通过层次分析法确定各目标权重，也在一定程度上克服了模糊综合评价的主观局限性。定量化评价农业旱灾脆弱性有利于旱灾脆弱性的分区与旱灾的防范，从而促进农业旱灾风险管理水平。

农业干旱脆弱性水平受经济、社会及政治制度等多重因素的影响。根据以上的研究，结合孝感市的实际情况，我们提出以下降低农业旱灾脆弱性的措施。

4.2.4.1   经济视角：转变经济增长方式，增加农民收入

从经济的角度来看，金融资源拥有量、对农业部门的依赖度及农村基础设施体系是影响农业干旱脆弱性的主要因素；财富的缺乏是农民脆弱的根本。因此，应转变经济增长方式，实现从粗放型向集约型的转变；加快产业结构调整，减少对农业的依赖度；调整三大产业在国民经济中的比例，大力发展第三产业，增加

第三产业的就业机会。农民外出就业能够增加工资性收入，减少对农业的依赖度，同时财富的积累也能增强抗风险能力。

4.2.4.2　社会视角：加强教育和健康方面的支出，提高社会整体福利水平

健康状况、受教育程度及性别平等程度是影响农民社会脆弱性的主要指标。因此，应该降低婴儿死亡率和文盲率，提高社会在健康和教育方面的支出，提高女性劳动者的就业比例等。

4.2.4.3　政治制度视角：构建缓解干旱脆弱性的社会安全网

政府是干旱风险管理的主导者，如何适应社会经济结构发展要求，寻求降低干旱脆弱性的策略是政府的职责。从短期来说，在灾害易发区建立风险基金，建立干旱应急管理方案以储备一定的资金和制度支持，提高风险管理能力。从长期来看，干旱的防大于治，政府应建立预防性的计划风险管理制度；加大基础设施的投入和维护力度；加大干旱风险研究的力量；提高科技水平，提供及时准确的信息并做好灾后重建的各种准备工作。同时，政府应加大对农村的扶持力度及加快农村基础设施建设，增强农业抗风险能力。防灾减灾是一项长期的复杂的工程，政府要不断坚持。

总之，缓解干旱的脆弱性是一项复杂的系统工程，需要从经济、社会及政治制度3个方面进行共同的努力。

4.3　本 章 小 结

本章首先归纳了几种主要的脆弱性评估方法，包括数理统计方法、特尔斐法（专家咨询法）、综合评价法及人工神经网络评价法等，并进行了评析。在此基础上，综合不同方法的优缺点，笔者选取了层次分析法与模糊综合评价法，以孝感市为研究领域，构建孝感市农业旱灾脆弱性评价指标体系和评价模型，对孝感市农业旱灾脆弱性进行评价。研究结果表明，孝感市农业干旱灾害脆弱性存在明显的差异性，7个县市中大悟县的旱灾脆弱性程度最高，这表示大悟县干旱灾害风险性最强，是旱灾风险管理的重点区域。

在影响孝感农业旱灾脆弱性的因素中，农业 GDP 所占比例、耕地灌溉率、医疗卫生支出所占比例、教育支出所占比例、乡村外出从业人员小学及以下程度所占比例、税收收入、财政总支出、全社会固定资产投资 8 个指标权重较大。这几个指标涵盖经济、社会与政治 3 个方面，该结果能较好地反映出这 8 个指标对农业旱灾脆弱性的影响程度，比较符合实际情况。

根据以上的研究，结合孝感市的实际情况，从经济、社会及政治制度 3 个方面探讨降低干旱脆弱性的对策：转变经济增长方式，增加农民收入；加强教育和健康方面的支出，提高社会整体福利水平；构建缓解干旱脆弱性的社会安全网。总之，缓解干旱的脆弱性是一项复杂的系统工程，需要从经济、社会及政治制度 3 个方面进行共同的努力。

5　孝感农业旱灾脆弱性影响因素的主成分分析

旱灾是孝感市最主要的气象灾害，旱灾已成为该区粮食生产可持续发展的重要制约因素之一。研究该区农业旱灾脆弱性的影响因素，比较脆弱性在不同年份的变化，分析其成因，有利于提出有效的减灾措施，保障粮食生产的稳定和持续增长。近 20 年来，孝感市干旱灾害造成的损失有增无减。降低农业旱灾脆弱性，从而减轻旱灾损失，已经成为孝感市农业可持续发展的一个根本保证。

5.1　孝感气象干旱因素分析

气象干旱指持续的不正常的干燥天气导致缺水，蒸发量和降水量的收支不平衡，而引起严重水文不平衡。气象干旱是其他三种类型干旱的基础。当气象干旱持续一段时间，就有可能发生农业、水文和社会经济干旱，并产生相应的后果。相对而言，气象干旱较为敏感，可迅速发展，也可突然结束，它发生的最早，结束也最早。通过对气象干旱的监测可以起到对其他类型干旱早期预警的作用。气象干旱通常主要以降水的短缺作为指标，通过从某一站点或区域的气温、降水、蒸发等气象要素在一段时间内的累积效应来评价干旱程度。

按照气象上的季节划分，3~5 月、6~8 月、9~11 月、12 月~次年 2 月分别代表春季、夏季、秋季、冬季。本节选用孝感市国家气候基准站 1991~2009 年的降水、气温和日照资料，分析孝感近 20 年来的降水量、气温和日照等因素的变化趋势，以此作为了解孝感气象干旱的基础。

5.1.1　降水量特征

5.1.1.1　年降水量特征

孝感市区平均年降水量为 1127.88mm，属于湿润地区。表 5-1 概括了孝感

1991～2009 年的月降水量情况, 从表中可以看出, 1991～2009 年近 20 年间, 年均降水量减少了 37.4mm。年降水最多的年份是 1991 年, 为 1600mm, 1998 年次之, 为 1560.5mm; 年降水最少的年份是 1996 年, 为 729.2mm, 2001 年次之, 为 734.3mm, 年降水量极差达到了 865.7mm。

表 5-1　孝感市 1991～2009 年的月平均降水量　　　　单位: mm

月份 年份	1	2	3	4	5	6	7	8	9	10	11	12
1991	42.1	81.8	101.6	141.5	153.6	266.6	626.9	73.8	44.9	5.6	3.6	58
1992	20.3	29.2	185.4	146.3	103.1	385.6	28.4	44.2	81.6	55.7	14	27.3
1993	89.2	77.7	161.8	175.5	223.1	179.5	131.6	142.6	177.7	48.7	108.3	22.9
1994	20.3	85.4	52.3	136	116.4	64.6	279.7	81	142.8	33.4	41.4	38.6
1995	36.4	24.9	33.5	132	175.4	259.5	118.5	158.6	6.3	74.7	0	12.6
1996	41.9	10.6	127.7	44.9	99.8	159.1	347.1	145.2	30.9	45.5	99.3	2.2
1997	38.4	66.3	53.2	35.5	84.2	161.1	292.5	63.3	66.9	50.5	64.7	39.7
1998	48	30	93.9	304.3	221.2	79.8	236.4	28.6	18.7	51.4	10.2	28.1
1999	6.7	6.5	54.9	203.1	148.6	309.1	30.3	131.2	13.1	104.4	25.8	0.1
2000	65.6	44.4	21.9	15.3	145.3	156.3	45.4	225.5	143.3	110.3	48.5	23.6
2001	88.4	37.1	72.7	97.9	65.8	110.8	28	35.5	2.4	101.5	28.8	65.4
2002	23.8	65.4	103.8	214.4	192.3	236.6	98.9	125	34.7	60.7	35.3	72.5
2003	26.8	88.4	96.3	178.7	122	268.9	314.4	43.4	43.5	64.3	85.3	19.4
2004	48.6	59.7	24.9	90.2	69.4	242.4	277.4	168.6	18.2	5.1	35.2	37.3
2005	19	75	46.8	63.4	250.5	147.4	105.5	124.9	143.5	17.2	67	7
2006	41.6	78.9	14.9	73	166	26.9	90.6	66	84	47.1	25.9	14.3
2007	40.7	98.2	121.7	57.9	138.1	99.2	243.1	81.9	12.1	28.7	29.7	22.8
2008	84.3	12.6	69.2	70.2	259.3	257.7	275.7	418.7	6.6	66.8	37.1	2.3
2009	18.1	96.3	59.3	121	139.5	170.4	68.1	64.1	27	21.3	69.2	33.5
平均值	40.1	53.5	74.9	115.3	143.9	179.4	182.3	111.5	55.4	50.2	42.0	26.9

资料来源: 根据 1992～2010 年各年《孝感统计年鉴》整理可得

　　由图 5-1 也可以看出, 孝感年降水量曲线波动比较平稳, 但波动很不规律, 近 20 年来降水量呈下降趋势。

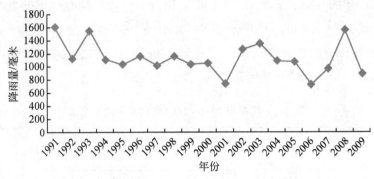

图 5-1　孝感市 1991～2009 年降水量变化趋势

5.1.1.2　季降水特点及变化

孝感地处中纬度地带，属亚热带季风气候。境内四季分明，降水量季节性变化明显，而且降水月主要集中在 5～8 月。由表 5-2 可见，春季平均降水量为351.11mm，占全年降水量的 31.13%。夏季雨热同期，季降水量为 496.95mm，占全年降水量的 44.06%，7 月最多，为 191.49mm。秋季平均降水量为153.71mm，占全年降水的 13.63%。冬季平均降水量为 126.12mm，仅占全年降水的 11.18%，12 月最少，为 27.77mm。

表 5-2　孝感市 1991～2009 年季度总降水量　　　　单位：mm

年份 ＼ 季度	春	夏	秋	冬	年合计
1991	396.7	967.3	54.1	181.9	1600
1992	434.8	458.2	151.3	76.8	1121.1
1993	560.4	453.7	334.7	189.8	1538.6
1994	304.7	424.8	217.6	144.3	1091.4
1995	340.9	536.6	81	73.9	1032.4
1996	272.4	651.4	175.7	54.7	1154.2
1997	173.5	517.2	182.1	144.4	1017.2
1998	619.4	344.8	80.3	106.1	1150.6
1999	406.6	470.6	143.3	13.3	1033.8
2000	182.5	427.2	302.1	133.6	1045.4

续表

年份 ＼ 季度	春	夏	秋	冬	年合计
2001	236.4	174.3	132.7	190.9	734.3
2002	510.5	460.6	130.7	161.7	1263.5
2003	397	626.7	193.1	134.6	1351.4
2004	184.5	688.4	58.5	145.6	1077
2005	360.7	377.8	227.7	101	1067.2
2006	253.9	183.5	157	134.8	729.2
2007	317.7	424.2	70.5	161.7	974.1
2008	398.7	952.1	110.5	99.2	1560.5
2009	319.8	302.6	117.5	147.9	887.8
平均值	351.1	496.9	153.7	126.1	1127.9

资料来源：根据 1992～2010 年各年《孝感统计年鉴》整理可得

　　由图 5-2 可以看出，降水量四季变化趋势不同，夏季降水量变化波动幅度最大，下降趋势明显；春、冬两季降水量变化波动幅度较大，也呈下降趋势；秋季降水量略有增加；年降水量总体呈下降趋势。

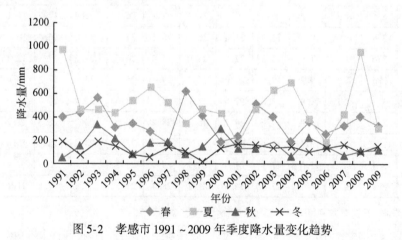

图 5-2　孝感市 1991～2009 年季度降水量变化趋势

5.1.2　气温特征

5.1.2.1　年度气温特征

　　由表 5-3 可以看出，从 1991～2009 年近 20 年间，年平均气温增加了 0.05℃。

整体呈上升趋势。其中，5～9月月平均气温最高，超过20℃。7月份月平均气温达到28.4℃，8月次之，为27.5℃。

表5-3 孝感市1991～2009年月平均气温 单位：℃

年份\月份	1	2	3	4	5	6	7	8	9	10	11	12
1991	4.3	6.1	8.1	15.1	20.1	25.5	27.9	26.9	23	17	11.1	5.1
1992	4.4	7.4	7.7	17.6	22.2	24.4	27.8	27.7	22.2	15	10.7	6.3
1993	1.6	7	10.1	17	19.8	25.8	26.7	25.7	23.1	16.8	9.3	5.3
1994	4.4	5.1	9.4	17.2	24.1	25.3	29.1	28.5	22.1	16.1	12.3	6.4
1995	2.9	6.7	11	15.5	22.2	25.4	28.9	28.1	23.6	17.5	11.2	5.8
1996	3.4	5	8.6	20.1	21.5	24.8	27.2	27.4	23.6	17.4	9.7	6.2
1997	3.9	6.8	11.7	16.6	23.5	25.5	27.5	28.5	21.2	18.4	10.4	5.6
1998	2.6	7.3	9.7	19.1	21.3	25.7	29	28.4	24.1	18.7	13.8	6.5
1999	5.8	8.1	9.6	17.2	21.8	24.4	27.3	26.7	25.1	21.6	11.2	6.3
2000	2.1	5.7	12.8	17.8	23.2	26.2	29.5	27.4	23.2	16.9	8.9	6.5
2001	3.9	6.1	12.2	16.4	22.9	25.3	30.5	27.7	24.9	18.2	11.5	3.7
2002	6.1	8.9	13.2	16.5	20	27.2	28.1	26.7	22.9	17.3	11.1	4.5
2003	3.8	6	10	15.8	21.4	26	28.1	27.8	23.8	16.4	10.6	4.7
2004	3.6	10	11.6	18.8	22	24.5	28.8	26.5	23.5	17	12.4	6.1
2005	2.5	2.7	9.7	19.6	22.6	27.2	29.4	25.9	24	17.3	13.4	4.6
2006	3.4	5.1	11.9	17.6	22.3	27.1	29	28.6	22.7	20	12.7	5.6
2007	3.5	9.6	11.8	17.6	24.4	26	28.2	28.5	23.7	18.3	11.2	6.7
2008	0.3	4	13.4	17.4	23.4	25.4	28	27.4	24.2	18.3	11.4	6
2009	3.4	8.2	11.3	17.1	21	26.9	29	28.2	24.1	20	7.9	5
平均值	3.5	6.6	10.7	17.4	22.1	25.7	28.4	27.5	23.4	17.8	11.1	5.6

资料来源：根据1992～2010年各年《孝感统计年鉴》整理可得

由图5-3也可以看出，近20年来，孝感年均气温曲线波动比较平稳，总体呈上升趋势。其中，年均气温最高为2007年，为17.46℃；年均气温最低为1993年，为15.68℃，两者相距1.78℃。

5.1.2.2 季度气温特点及变化

孝感四季分明，气温季节性变化明显。由表5-4可以看出，春季平均气温为

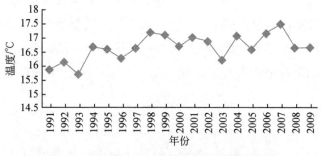

图 5-3 孝感市 1991~2009 年气温变化趋势

16.73℃，夏季平均气温为 27.23℃，秋季平均气温为 17.44℃，冬季平均气温为 5.24℃。

表 5-4 孝感市 1991~2009 年季度平均气温   单位：mm

年份 ＼ 季度	春	夏	秋	冬	年均值
1991	14.43	26.77	17.03	5.17	15.85
1992	15.83	26.63	15.97	6.03	16.12
1993	15.63	26.07	16.4	4.63	15.68
1994	16.9	27.63	16.83	5.3	16.67
1995	16.23	27.47	17.43	5.13	16.57
1996	16.73	26.47	16.9	4.87	16.24
1997	17.27	27.17	16.67	5.43	16.63
1998	16.7	27.7	18.87	5.47	17.18
1999	16.2	26.13	19.3	6.73	17.09
2000	17.93	27.7	16.33	4.77	16.68
2001	17.17	28.03	18.2	4.57	16.99
2002	16.57	27.33	17.1	6.5	16.88
2003	15.73	27.3	16.93	4.83	16.2
2004	17.47	26.6	17.63	6.57	17.07
2005	17.3	27.5	18.23	3.27	16.58
2006	17.27	28.23	18.47	4.7	17.17
2007	17.93	27.57	17.73	6.6	17.46
2008	18.07	26.93	17.97	3.43	16.6
2009	16.47	28.03	17.33	5.53	16.84
季度均值	16.73	27.23	17.44	5.24	16.66

资料来源：根据 1992~2010 年各年《孝感统计年鉴》整理可得

由图 5-4 也可以看出，1991～2009 年，季度月平均气温整体呈上升趋势，并且四季变化趋势不同，总体呈上升趋势。夏季平均气温最高，一般为 26～29℃；春、秋两季气温比较接近，秋季气温略高；冬季平均气温最低，一般为 3～7℃。其中，春季气温上升幅度最大，夏季次之，秋、冬气温上升幅度不太明显。

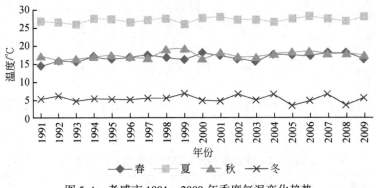

图 5-4　孝感市 1991～2009 年季度气温变化趋势

5.1.3　日照时间特征

5.1.3.1　年度日照时间特征

由表 5-5 可以看出，从 1991～2009 年近 20 年间，年均日照总时间为 1828 小时，年均日照时间增加了 4.7 小时。8 月份日照时间最长，约为 203 小时；7 月份次之，约为 199 小时；2 月份日照时间最短，约为 109 小时。

表 5-5　孝感市 1991～2009 年月平均日照时间　　　　单位：小时

月份 年份	1	2	3	4	5	6	7	8	9	10	11	12
1991	85.1	76.5	83.6	113.7	122.9	141.3	175.8	211.2	178.2	201	157.4	90.1
1992	137.1	165.7	91.3	196.3	194	147.9	259	284.2	124.7	186.8	211.1	113.3
1993	121.8	98.8	121.6	181.5	136.8	213.4	167.8	115.9	194.8	177.4	123.5	186.3
1994	125.3	90.6	119.5	121.7	240	155.3	224.8	241.5	135.5	133.9	89.8	64.4
1995	88.7	114	147.6	85.1	175.2	145.8	244.9	213.4	191.7	130.1	156.9	118.2
1996	103.9	136.7	66.8	66.1	143.6	139.2	132.1	206.3	164.9	149.7	79.5	163.4

续表

月份 年份	1	2	3	4	5	6	7	8	9	10	11	12
1997	120.5	97.1	94.3	137.2	183.9	187	186.7	263.3	180.9	198	131.8	79.1
1998	84.3	125.1	98.4	190.2	172	173.2	202.4	188	199.7	190.3	169.9	135.6
1999	108.8	137.7	58.4	131.2	172.8	118.7	175.1	209.3	210	88.1	133.2	225.4
2000	82.2	104.9	165.6	157.9	199.4	208.5	247.8	209.9	162.3	120.5	120	115
2001	109.4	124	185.4	160.7	191.4	152.4	269.1	216.6	233.2	123.3	189.5	92.9
2002	149.4	96.6	145.3	99.2	135.8	187.6	215.4	208.5	211.2	195.5	142.7	82.8
2003	155.6	71	140.8	123.7	129.5	154.8	193.6	178.8	173.5	154.8	157.9	99.4
2004	110.3	182.6	163.5	192.4	172.6	145.6	212	162.1	177.8	162.6	151.8	120.3
2005	111.2	60.5	153.5	206.4	124.6	155.7	185	130.8	134.7	140.7	108	147.9
2006	95.7	40.6	153.1	167.4	193.5	194.5	162.1	242.4	191	159.7	118.5	159.3
2007	126.8	121.4	127.9	178.4	195.6	115.9	185.3	223.6	148.4	156	202.7	84
2008	72.9	192.7	150.2	163.8	215	122	138.5	180.4	169.8	133.7	154	167.3
2009	131.8	39.6	139.9	145	155	201.6	205.9	169.4	153.1	137.5	135.4	111.9

资料来源：根据 1992～2010 年各年《孝感统计年鉴》整理可得

从图 5-5 也可以看出，近 20 年来，年均日照时间变动整体上比较平稳，有增加的趋势。1992 年日照时间最长，约为 2111 小时；2001 年次之，约为 2047 小时；1996 年日照时间最短，约为 1552 小时。高低点之间相距 559 小时。

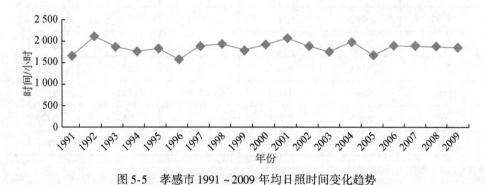

图 5-5　孝感市 1991～2009 年均日照时间变化趋势

5.1.3.2　季度日照时间特点及变化

由表 5-6 可以看出，春季日照时间约为 446 小时，夏季日照时间约 563 小时，秋季日照时间约474小时，冬季日照时间约为344小时。

表5-6　孝感市1991~2009年季度总日照时间　　　单位：小时

年份\季度	春	夏	秋	冬	年总值
1991	320.2	528.3	536.6	251.7	1636.8
1992	481.6	691.1	522.6	416.1	2111.4
1993	439.9	497.1	495.7	406.9	1839.6
1994	481.2	621.6	359.2	280.3	1742.3
1995	407.9	604.1	478.7	320.9	1811.6
1996	276.5	477.6	394.1	404	1552.2
1997	415.4	637	510.7	296.7	1859.8
1998	460.6	563.6	559.9	345	1929.1
1999	362.4	503.1	431.3	471.9	1768.7
2000	522.9	666.2	402.8	302.1	1894
2001	537.5	638.1	546	326.3	2047.9
2002	380.3	611.5	549.4	328.8	1870
2003	394	527.2	486.2	326	1733.4
2004	528.5	519.7	492.2	413.2	1953.6
2005	484.5	471.5	383.4	319.6	1659
2006	514	599	469.2	295.6	1877.8
2007	501.9	524.8	507.1	332.2	1866
2008	529	440.9	457.5	432.9	1860.3
2009	439.9	576.9	426	283.3	1726.1
平均值	446.2	563.1	474.1	344.9	1828.4

由图5-6也可以看出，1991~2009年，日照时间整体呈上升趋势，并且四季变化趋势不同。夏季日照时间最长，其余依次为秋季、春季和冬季。从图中可以看出，春季日照时间增加最为明显，其次为夏季和冬季，秋季日照时间略有减少。

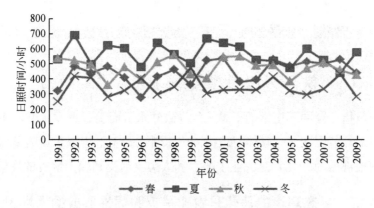

图 5-6　孝感市 1991~2009 年季度日照时间变化趋势

综上所述，近 20 年来孝感年均气温微微升高，年均日照时间明显延长，降水明显减少，干旱化趋势加剧。孝感自身降水量、气温与日照等因素的变化是造成干旱的直接原因，但各种经济、社会与政治脆弱性因素会影响因旱致灾的程度，以及旱灾损失的大小。

5.2　孝感旱灾脆弱性的外在表现

作为"武汉 1+8 城市圈"内核的孝感市，位于湖北省中北部偏东，市域南北长 188km，东西宽 122km，市域总国土面积 8910km²，占湖北省国土总面积的 8%。其中耕地面积 30.062 万 hm²，占总面积 25% 左右，基本农田 29.2 万 hm²，人均耕地约 0.048 hm²，人口密度为 569 人/km²。全市辖 3 市（应城、安陆、汉川）、3 县（孝昌、大悟、云梦）和 1 区（孝南区）。该地地处中纬度地带，属亚热带季风气候。境内四季分明，初夏梅雨期暴雨频繁易洪涝，盛夏高温蒸发量大，常有伏旱。洪灾、旱灾成为全市主要的自然灾害。

由于自然条件的地区差异，农业基础和社会经济条件的不同，孝感市农业旱灾脆弱性变化表现出空间差异性。从第 4 章得出的数据（表 4-11）可以看出，孝感市农业干旱灾害脆弱性存在明显的地域差异性，7 个评价单元中大悟的旱灾脆弱性程度最高，这表示大悟县干旱灾害风险性最强，是旱灾风险管理的重点区域。该地区农业旱灾脆弱性的表现呈现出如下特征。

5.2.1 自然因素是农业旱灾脆弱性形成的直接诱发因子

5.2.1.1 气象干旱是农业旱灾脆弱性形成的直接因子

气象干旱指持续的不正常的干燥天气导致缺水，而引起严重水文不平衡。具体是指某一地理范围在某一具体时段内的降水量比多年平均降水量显著偏少，导致该地区的经济活动（尤其是农业生产）和人类生活受到较大危害的现象。

5.2.1.2 生态环境的恶化是农业旱灾脆弱性形成的诱发因子

全球变暖使全球降水量重新分配，冰川和冻土消融，海平面上升等，从而严重危害自然生态系统的平衡，导致近些年旱灾发生的频率加快。随着人类的经济发展和人口膨胀，水资源短缺现象日趋严重，这也直接导致了干旱地区的扩大与干旱化程度的加重，使得人类在旱灾面前十分脆弱。

5.2.1.3 土地利用和耕地条件的变化是旱灾脆弱性提高的重要原因

土地利用的变化会对旱灾产生深刻的影响。耕地条件的改善有助于充分利用降水、灌溉等条件，质量较好的土壤对干旱灾害的反应不敏感，脆弱性也较小，从而增加耕地的抗灾御灾能力，提高耕地生产力水平，稳定生产。表 5-7 列出了孝感市 1992~2009 年耕地面积变动情况。

表 5-7　孝感 1992~2009 年耕地面积变动情况　　　单位：千 hm²

年份	耕地面积	水田	旱田
1992	293.83	207.47	86.36
1993	291.90	206.21	85.69
1994	290.76	204.85	85.91
1995	289.86	183.20	106.66
1996	289.04	203.94	85.1
1997	288.54	200.6	87.94
1998	287.36	203.53	83.83
1999	286.80	205.01	81.79
2000	247.10	172.41	74.69

续表

年份	耕地面积	水田	旱田
2001	246.71	170.74	75.97
2002	242.15	168.68	73.47
2003	242.84	167.26	75.58
2004	242.10	178.63	63.47
2005	246.12	183.59	62.53
2006	246.25	186.17	60.08
2007	258.00	195.44	62.56
2008	260.05	198.38	61.67
2009	258.64	196.26	62.38

注：耕地面积包括水田和旱田两部分

　　孝感市的耕地面积呈下降趋势，如图 5-7[①]。图中 2000 年的曲线下降幅度明显，是因为曾经由孝感代管的广水市 2000 年划归地级随州市代管。若不计这个因素，1992～2009 年，从整体看，孝感市的耕地面积、水田面积与旱田面积略有下降。

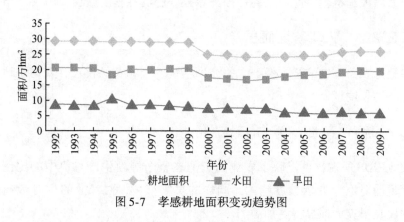

图 5-7　孝感耕地面积变动趋势图

5.2.2　经济脆弱性是干旱灾害频繁的触发因子

　　金融机构存贷款比例、人均 GDP、人均耕地面积及农民收入等都是影响旱灾

---

　　① 广水位于湖北省东北部，1988 年 10 月 11 日，国务院批准撤销应山县，设立广水市（县级），2000 年 6 月 25 日，国务院批准将孝感市代管的广水市划归地级随州市代管。广水耕地面积约 4 万 hm²。

脆弱性的重要经济因子。

5.2.2.1 金融机构贷款/存款比例

金融机构贷款/存款比例反映了金融市场的活跃程度及资本市场的发展情况。该比例越高说明金融市场越活跃，在旱灾面前越有充足的资金准备，脆弱性程度越低。

5.2.2.2 人均 GDP

一般来说，人均 GDP 与旱灾脆弱性呈反相关，人均 GDP 越高，抗风险能力越强，脆弱性程度越低。2008 年孝感市人均 GDP 为 12 698 元。

5.2.2.3 人口面积

人口面积，也称人口密度，指单位面积土地上居住的人口数，是反映某一地区范围内人口疏密程度的指标。随着人口密度的提高，劳动力的供给增加，对资源的压力增大，将会由此产生各种内部摩擦，脆弱性程度增加。

5.2.2.4 人均耕地面积

耕地是农民务农的基本保证，关注到粮食安全和农民收入。人均耕地面积越多，脆弱性程度越低。

5.2.2.5 农业 GDP 所占比例

农业 GDP 所占比例反映了农业的产值在整个国内生产总值中的比例，该比例越高说明对农业的依赖度越大，同样的旱灾程度，对农业的相对影响程度越高，农民在旱灾面前显得更加脆弱。

5.2.2.6 农业人口比例

农业人口比例与一个地区的城镇化水平密切相关。农业人口比例越高，说明城镇化水平越低，对农业的依赖程度越大，脆弱性程度越高。

5.2.2.7 农民第一产业收入占年均纯收入比例

一般来说，这一指标与旱灾脆弱性呈反相关。在农民的收入构成中，第一产业收入所占比例越大，说明农民对农业的依赖度越强，旱灾对其影响越大，脆弱性程度越高。

5.2.2.8 农民工资性收入占年均纯收入比例

在农民的收入构成中，工资性收入所占比例越大，说明农民收入渠道越多样化，对农业的依赖度越低，旱灾对其影响越小，脆弱性程度越低。

5.2.2.9 耕地灌溉率

耕地灌溉率反映了耕地的质量和农村水利工程等基础设施的建设。耕地分为可灌溉耕地与不可灌溉耕地，不可灌溉耕地是缺乏灌溉设施的耕地。农村水利基础设施越健全，耕地灌溉率越高，越能起到防旱抗旱的作用，脆弱性程度越低。

5.2.3 社会脆弱性是旱灾脆弱性提高的重要原因

教育、性别平等程度、城乡收入差别及人口自然增长率等都是影响旱灾脆弱性的重要社会因子。

5.2.3.1 教育支出占财政总支出比例

教育关系一国科技的发展与生产力水平的提高。教育支出是一国政府支出的重要组成部分。随着经济的发展，教育支出在财政总支出中的比例也会越来越高，但孝感市教育支出在财政总支出中的比例偏低。该比例越高，社会脆弱性程度越低。

5.2.3.2 乡村女性劳动力就业比例

乡村女性劳动力就业比例反映了乡村女性的就业机会及社会的性别平等程度。该比例越高，脆弱性程度越低。

5.2.3.3 农村居民家庭人均纯收入与城镇居民家庭人均可支配收入比例

农村居民家庭人均纯收入与城镇居民家庭人均可支配收入比例反应了城乡收

入差别，该比例越高，说明城乡收入差距越小，农村经济发展水平越高，脆弱性程度越低。

5.2.3.4 农村恩格尔系数

恩格尔系数是表示生活水平高低和消费结构的一个指标，为食物支出占消费总支出的比例。一个家庭收入越少，家庭收入中用来购买食物的支出所占的比例就越大；随着家庭收入的增加，家庭收入中用来购买食物的支出会下降。因此，一个国家或家庭生活越贫困，恩格尔系数就越大；反之，生活越富裕，恩格尔系数就越小。农村恩格尔系数越低，说明农民生活水平越高，脆弱性程度越低。

5.2.3.5 人口自然增长率

人口自然增长率是反映人口发展速度和制订人口计划的重要指标，它表明人口自然增长的程度和趋势。人口自然增长率越高，经济发展面临人口增长的压力就越高，人口资源和经济增长的协调发展就会受到影响，社会脆弱性程度越高。

5.2.4 政府能力与意愿的变化促进了农业干旱灾害脆弱性的形成

5.2.4.1 财政总收入

财政总收入包括中央政府收入和地方财政收入。地方财政收入是指本级政府的可用资金。财政总收入是国家完成各项职能的财力保证。财政总收入越高，国家财力越雄厚，政府应对旱灾的能力就越强，脆弱性程度就越低。

5.2.4.2 财政总支出

财政总支出包括中央财政支出和地方财政支出，是在市场经济条件下，政府为提供公共产品和服务，满足社会共同需要而进行的财政资金的支付。财政支出的规模反映了国家对财政资金进行再分配的力度。财政支出越多，社会脆弱性程度越低。

5.2.4.3 全社会固定资产投资

全社会固定资产投资是以货币表现的建造和购置固定资产活动的工作量，它是反映固定资产投资规模、速度、比例关系和使用方向的综合性指标。通过建造和购置固定资产的活动，国民经济不断采用先进技术装备，建立新兴部门，进一步调整经济结构和生产力的地区分布，增强经济实力，为改善人民物质文化生活创造条件，这对我国的社会主义现代化建设具有重要意义。全社会固定资产投资越多，社会脆弱性程度越低。

5.3　孝感农业旱灾脆弱性影响因素的主成分分析

农业旱灾脆弱性是一个处于不断动态变化的抽象状态。目前，国内学者所建立的农业旱灾脆弱性的测度指标多集中于气象学、水文学和地理学等方面，虽然有些学者在理论分析部分也提到过经济社会因素对我国农业旱灾脆弱性的影响，但是在实证分析的过程中却没有考虑进去，这使得研究结果具有一定的片面性。因此，本节在借鉴专家学者选取指标过程中的共同经验和研究成果的基础上，从社会经济学的角度，结合我国当前旱灾风险的特殊性和统计数据的可获得性，共选取了 3 个方面的 17 项指标，分别为 9 个经济指标、5 个社会指标和 3 个政治制度指标来对我国农业旱灾脆弱性的影响因素进行实证分析。

在实际研究和应用中，由于指标较多，再加上指标之间有一定的相关性，容易造成信息重叠，而一旦随意减少变量又会损失很多信息，可能产生错误结论；而主成分分析法可以将多个指标简化成少数几个不相关的综合指标，达到降低数据空间维度、简化系统结构的目的。

5.3.1　主成分分析原理及步骤

主成分分析法也称主分量分析，旨在利用降维的思想，把多指标转化为少数几个综合指标的多元统计分析方法。通过研究指标之间的相关性，寻求彼此不相关的、简化的且能包含原有指标大部分信息的指标结构，这些主要指标是原指标的线性组合，且彼此之间互不相关。主成分分析是希望用较少的变量去解释原来资料中的大部分变量，将许多相关性很高的变量转化成彼此相互独立或不相关的变量。通常是选出比原始变量个数少，能解释资料中大部分变量的几个新变量，即所谓主成分，并用以解释资料的综合性指标。主成分分析的优点是不受主观因素的影响，在保证原始数据信息丢失最少的情况下对高维变量空间进行降维，从根本上解决了指标间的信息重叠问题，使得分析评价结果客观可信。具体而言，假设有 m 个变量，每个变量有 n 期观测值，则变量可以组成如下矩阵：

$$\boldsymbol{R} = \begin{pmatrix} r_{11} & r_{12} & \cdots & r_{1n} \\ r_{21} & r_{22} & \cdots & r_{2n} \\ \vdots & \vdots & & \vdots \\ r_{m1} & r_{m2} & \cdots & r_{mn} \end{pmatrix} = (R_1, R_2, \cdots, R_m) \tag{5-1}$$

其中，$R_i = \begin{pmatrix} r_{1i} \\ r_{2i} \\ \vdots \\ r_{ni} \end{pmatrix}$，$i = 1, 2, \cdots, n$。则矩阵 $\boldsymbol{R}$ 的 F 个向量 $R_1, R_2, \cdots, R_m$ 的线性组合向量为

$$\begin{cases} F_1 = a_{11}R_1 + a_{12}R_2 + \cdots + a_{1m}R_m \\ F_2 = a_{21}R_1 + a_{22}R_2 + \cdots + a_{2m}R_m \\ \qquad\qquad\qquad \vdots \\ F_m = a_{m1}R_1 + a_{m2}R_2 + \cdots + a_{mm}R_m \end{cases} \tag{5-2}$$

简写成

$$F_i = a_{i1}R_1 + a_{i2}R_2 + \cdots + a_{im}R_m, \quad i = 1, 2, \cdots, n \tag{5-3}$$

要求

$$a_{i1}^2 + a_{i2}^2 + \cdots + a_{ip}^2 = 1, \quad i = 1, 2, \cdots, n$$

且系数 a_{ij} 由下列原则决定：

（1）F_i 与 F_j（$i \neq j$, $i, j = 1, 2, \cdots, m$）不相关；

（2）F_1 是 $R_1, R_2, \cdots, R_p$ 的一切线性组合中方差最大的，F_2 是与 F_1 不相关的 $R_1, R_2, \cdots, R_p$ 的一切线性组合中方差最大的，F_p 是与 $F_1, F_2, \cdots, F_{p-1}$ 都不相关的 $R_1, R_2, \cdots, R_p$ 的一切线性组合中方差最大的。由此得到的 $F_1, F_2, \cdots, F_p$ 通常称为主成分。

建模步骤如下：

（1）收集原始数据，构造数据矩阵。根据指标体系中的具体指标收集原始数据 R_{ij}（$i = j$, $i, j = 1, 2, \cdots, n$），其中 R_{ij} 为第 i 年孝感市旱灾脆弱性影响因素

第 j 个指标的数值。

（2）将R_{ij}原始数据标准化。为了避免系统统计误差及量纲差异的影响，对原始数据进行标准化处理，转化成无量纲数据。

（3）建立变量的相关系数矩阵 $\boldsymbol{R}$。

（4）求 $\boldsymbol{R}$ 的特征值与特征向量。

（5）计算贡献率和累计贡献率，确定主成分的个数 n，从而建立 n 个主成分。

（6）计算主成分载荷。主成分载荷为主成分与变量之间的相关系数。

（7）以 n 个主成分 F 各自的方差贡献率为权重，建立孝感市农业旱灾脆弱性的综合评价模型。

5.3.2　研究假设、模型选择及指标选取

为分析脆弱性变化的影响因素，结合研究区的实际情况、资料收集程度及其他学者的研究成果，以孝感市 1991～2009 年的旱灾脆弱度为因变量 (Y)，选取经济、社会及政治 3 大类 17 个社会经济指标作为自变量，即影响因素。

模型中被解释变量 Y 是农业旱灾脆弱度。模型引入以下解释变量。

（1）反映旱灾脆弱性的经济因素：X_1 表示金融机构贷款/存款比例；X_2 表示人均 GDP；X_3 表示人口面积；X_4 表示人均耕地面积；X_5 表示农业 GDP/GDP 比例；X_6 表示农业人口比例；X_7 表示农民第一产业收入/年均纯收入比例；X_8 表示农民工资性收入/年均纯收入比例；X_9 表示耕地灌溉率；

（2）反映旱灾脆弱性的社会因素：X_{10} 表示教育支出/财政总支出比例；X_{11} 表示乡村女性劳动力就业比例；X_{12} 表示农村居民家庭人均纯收入/城镇居民家庭人均可支配收入比例；X_{13} 表示农村恩格尔系数；X_{14} 表示人口自然增长率；

（3）反映旱灾脆弱性的政治制度因素：X_{15} 表示财政总收入；X_{16} 表示财政总支出；X_{17} 表示全社会固定资产投资；b 为随机误差项。具体数据见表 5-8。

为了检验农业旱灾脆弱性的影响因素，本书建立了旱灾脆弱性影响因素的计量经济模型，并进行了实证分析。

$$Y = \beta_0 + \beta_1 X_1 + \beta_2 X_2 + \beta_3 X_3 + \beta_4 X_4 + \beta_5 X_5 + \beta_6 X_6 + \beta_7 X_7 + \beta_8 X_8 + \beta_9 X_9 + \beta_{10} X_{10}$$
$$+ \beta_{11} X_{11} + \beta_{12} X_{12} + \beta_{13} X_{13} + \beta_{14} X_{14} + \beta_{15} X_{15} + \beta_{16} X_{16} + \beta_{17} X_{17} + \beta_{18} X_{18} + b$$

5.3.3 数据来源及处理

5.3.3.1 数据来源

本研究的样本数据来源于《孝感统计年鉴》1991~2009 年各期（表5-8）。

表 5-8 样本数据表

年份	X_1	X_2	X_3	X_4	X_5	X_6	X_7	X_8	X_9
1991	2.15	1 235	506.44	2.024 1	44.49	40.59	72.79	5.19	86.74
1992	2.02	1 414	496.47	2.012 9	42.69	39.67	69.08	4.77	89.13
1993	1.81	1 809	487	1.939 0	38.04	40.13	68.44	9.29	85.47
1994	1.48	2 749	492	1.927 2	45.1	39.81	76.02	11.77	85.76
1995	1.53	3 669	498	1.910 8	42.64	39.5	70.37	13.86	86.01
1996	1.29	4 506	502.66	1.926 9	45.24	38.73	68.56	17.21	85.04
1997	1.51	5 117	508	1.929 9	43.06	38.18	60.30	22.41	83.53
1998	1.48	5 716	522.13	1.928 3	44.11	37.77	57.7	21.92	85.59
1999	1.31	4 729	517	1.914 8	42.42	37.59	50.65	25.96	86.52
2000	1.14	5 221	561	1.960 1	37.16	37.85	47.06	27.72	87.39
2001	1.05	5 748	563	1.937 9	34.09	37.79	46.77	28.65	87.43
2002	0.97	6 209	568	1.888 3	32.09	37.99	49.23	30.27	89.04
2003	0.89	6 768	567	1.898 5	30.37	37.7	49.97	30.42	88.45
2004	0.79	6 885	569	1.873 7	27.42	38.21	53.76	30.07	89.36
2005	0.71	7 660	568	1.888 8	26.23	38.63	53.17	32.36	88.77
2006	0.65	8 662	578	1.844 8	24.64	38.91	50.82	35.98	87.64
2007	0.59	10 309	586	1.856 8	22.7	39.94	49.94	38.26	84.03
2008	0.49	12 698	589	1.809 9	22.21	41.04	46.73	41.23	85.21
2009	0.51	14 365	593	1.759 9	21.57	41.69	45.71	40.77	86.49

续表

年份	X_{10}	X_{11}	X_{12}	X_{13}	X_{14}	X_{15}	X_{16}	X_{17}
1991	29.59	48.32	30.59	61.42	16.90	39 784	45 258	49 243
1992	36.73	47.63	44.77	59.13	11.60	45 135	44 535	140 793
1993	37.15	47.4	29.56	53.08	11.89	51 608	50 828	184 904
1994	37.09	47.48	46.12	46.57	9.72	60 098	72 666	254 562
1995	39.48	47.56	38.73	40.69	10.37	72 196	73 065	453 800
1996	25.89	47.51	45.22	49.42	4.14	88 917	80 618	455 462
1997	30.26	47.33	49.74	53.87	4.55	106 013	96 205	455 361
1998	28.29	47.33	49.88	53.37	3.92	127 618	115 491	121 742
1999	60.00	47.49	46.72	54.19	3.93	148 018	141 348	749 287
2000	54.58	47.51	45.18	54.22	4.04	137 766	138 830	746 673
2001	51.14	47.16	43.29	50.09	3.49	173 031	178 169	880 353
2002	52.01	47.47	39.38	50.89	3.23	174 367	198 278	813 938
2003	53.32	47.27	35.21	51.70	3.36	183 932	214 033	902 109
2004	56.03	47.44	43.43	54.22	3.66	195 317	232 782	1 044 358
2005	52.65	47.27	38.63	51.04	3.71	213 772	279 511	1 178 638
2006	46.19	47.32	38.63	36.01	5.47	245 471	339 664	1 444 975
2007	44.31	47.39	36.03	36.88	5.19	313 791	439 263	1 959 294
2008	41.89	46.97	37.33	42.45	5.04	396 196	543 998	2 708 256
2009	42.68	46.77	37.84	39.03	8.39	485 167	669 730	3 972 600

资料来源：《孝感统计年鉴》1991~2009 年各期

5.3.3.2 数据处理：原始数据的标准化

由于各指标带有不同的量纲，不能直接比较，为消除量纲影响，在分析之前往往进行标准化处理。在主成分分析法中常用正态标准化，这种标准化方法不仅计算麻烦，而且标准化后的变量取值范围不确定，不能很好地反映变量的经济意义。所以本书借用李春平等（2005）的方法，采取下面的标准化方法。根据指标性质的不同，分成正相关型和负相关型。

对于正相关型的指标，用式 5-4 进行标准化，公式为

$$X_{ij} = (x_{ij} - \min x_{ij})/(\max x_{ij} - \min x_{ij}) \tag{5-4}$$

而对于负相关型指标，用式（5-5）进行标准化，公式为

$$X_{ij} = (\max x_{ij} - x_{ij}) / (\max x_{ij} - \min x_{ij}) \tag{5-5}$$

其中，X_{ij}为无量纲数据；x_{ij}为某年度数据；$\max x_{ij}$与$\min x_{ij}$分别为第i个自变量的最大值与最小值。这种标准化方法不仅计算简单，而且标准化后变量在 [0, 1] 区间取值，方便控制综合指标的取值范围。标准化结果见表5-9。

表5-9 原始指标标准化值

年份	X_1	X_2	X_3	X_4	X_5	X_6	X_7	X_8	X_9
1991	0.000 0	1.000 0	0.183 4	0.000 0	0.968 3	0.731 7	0.893 4	0.988 5	0.449 4
1992	0.078 3	0.986 4	0.089 3	0.042 4	0.892 3	0.507 3	0.771 0	1.000 0	0.039 5
1993	0.204 8	0.956 3	0.000 0	0.322 1	0.695 8	0.619 5	0.749 9	0.876 0	0.667 2
1994	0.403 6	0.884 7	0.047 2	0.366 8	0.994 1	0.541 5	1.000 0	0.808 0	0.617 5
1995	0.373 5	0.814 6	0.103 8	0.428 8	0.890 2	0.465 2	0.813 6	0.750 7	0.574 6
1996	0.518 1	0.750 9	0.147 7	0.367 9	1.000 0	0.278 1	0.753 9	0.658 8	0.740 9
1997	0.385 5	0.704 3	0.198 1	0.356 6	0.907 9	0.143 9	0.481 4	0.516 2	1.000 0
1998	0.403 6	0.658 7	0.331 4	0.362 6	0.952 3	0.043 9	0.395 6	0.529 6	0.646 7
1999	0.506 0	0.733 9	0.283 0	0.413 7	0.880 9	0.000 0	0.162 9	0.418 8	0.487 1
2000	0.608 4	0.696 4	0.698 1	0.242 2	0.658 7	0.063 4	0.044 5	0.370 5	0.337 9
2001	0.662 7	0.656 3	0.716 9	0.326 3	0.528 9	0.048 8	0.034 9	0.345 0	0.331 1
2002	0.710 8	0.621 2	0.764 2	0.514 0	0.444 4	0.097 6	0.116 1	0.300 6	0.054 9
2003	0.759 0	0.578 6	0.754 7	0.475 4	0.371 8	0.026 8	0.140 6	0.296 5	0.156 1
2004	0.819 3	0.569 7	0.773 6	0.569 3	0.247 2	0.151 2	0.265 6	0.306 1	0.000 0
2005	0.867 5	0.510 7	0.764 2	0.512 1	0.196 9	0.253 7	0.246 1	0.243 3	0.101 2
2006	0.903 6	0.434 4	0.858 5	0.678 7	0.129 7	0.321 9	0.168 0	0.143 9	0.295 0
2007	0.939 8	0.308 9	0.933 9	0.633 2	0.047 7	0.573 2	0.139 6	0.081 5	0.914 3
2008	1.000 0	0.126 9	0.962 3	0.810 8	0.027 0	0.841 5	0.033 7	0.000 0	0.711 8
2009	0.987 9	0.000 0	1.000 0	1.000 0	0.000 0	1.000 0	0.000 0	0.012 6	0.492 3

年份	X_{10}	X_{11}	X_{12}	X_{13}	X_{14}	X_{15}	X_{16}	X_{17}
1991	0.891 5	0.000 0	0.949 3	1.000 0	1.000 0	1.000 0	0.998 8	1.000 0
1992	0.682 2	0.445 2	0.251 5	0.909 9	0.612 3	0.987 9	1.000 0	0.976 7
1993	0.669 9	0.593 6	1.000 0	0.671 8	0.633 5	0.973 5	0.989 9	0.965 4
1994	0.671 7	0.541 9	0.185 0	0.415 6	0.474 8	0.954 4	0.955 0	0.947 7
1995	0.601 6	0.490 3	0.548 7	0.184 2	0.522 3	0.927 2	0.954 4	0.896 9
1996	1.000 0	0.522 6	0.229 3	0.527 7	0.066 6	0.889 7	0.942 3	0.896 5
1997	0.871 9	0.638 7	0.006 9	0.702 9	0.096 6	0.851 3	0.917 4	0.896 5
1998	0.929 6	0.638 7	0.000 0	0.683 2	0.050 5	0.802 8	0.886 5	0.981 5
1999	0.000 0	0.535 5	0.155 5	0.715 5	0.051 2	0.756 9	0.845 2	0.821 6

年份	X_{10}	X_{11}	X_{12}	X_{13}	X_{14}	X_{15}	X_{16}	X_{17}
2000	0.158 9	0.522 6	0.231 3	0.716 7	0.059 3	0.780 0	0.849 2	0.822 2
2001	0.259 8	0.748 0	0.324 3	0.554 1	0.019 02	0.700 8	0.786 2	0.788 2
2002	0.234 2	0.548 4	0.516 7	0.585 6	0.000 0	0.697 8	0.754 1	0.805 1
2003	0.195 8	0.677 4	0.721 9	0.617 5	0.009 5	0.676 4	0.728 9	0.782 6
2004	0.116 4	0.567 7	0.317 4	0.716 7	0.031 5	0.650 8	0.698 9	0.746 4
2005	0.215 5	0.677 4	0.553 6	0.591 5	0.035 1	0.609 4	0.624 2	0.712 1
2006	0.404 9	0.645 2	0.553 7	0.000 0	0.163 9	0.538 2	0.527 9	0.644 3
2007	0.459 9	0.600 0	0.681 6	0.034 2	0.143 4	0.384 8	0.368 6	0.513 2
2008	0.530 9	0.870 9	0.617 6	0.253 4	0.132 4	0.199 8	0.201 1	0.322 3
2009	0.507 8	1.000 0	0.592 5	0.118 9	0.377 5	0.000 0	0.000 0	0.000 0

5.3.4 脆弱性影响因素的主成分分析

为了考察提取的主成分与原始变量之间关系，需要计算变量之间的共同度，（表5-10）。由此可以看出，除农村恩格尔系数（依赖程度66.8%）、耕地灌溉率（依赖程度76.9%）、乡村女性劳动力就业比例（依赖程度74.1%）及农村城镇居民收入比例（依赖程度77.3%）外，其他提取后的各个影响因素变量与原始变量之间的依赖程度均在80%以上，且与大部分变量之间的依赖程度在90%以上，最高达97.5%。因此，总体来看，提取的主成分与原始变量之间的相关程度较强，提取出来的主成分比较有代表性。

表5-10 变量共同度

指标变量	初始共同度	提取特征根的共同度
金融机构存贷款比例	1.000	0.945
人均 GDP	1.000	0.975
人口面积	1.000	0.929
人均耕地面积	1.000	0.900
农业 GDP 占比	1.000	0.941
农业人口比例	1.000	0.937

续表

指标变量	初始共同度	提取特征根的共同度
农民第一产业收入占比	1.000	0.885
农民工资性收入占比	1.000	0.973
耕地灌溉率	1.000	0.769
教育支出占财政支出比例	1.000	0.804
乡村女性劳动力就业比例	1.000	0.741
农村城镇居民收入比例	1.000	0.773
农村恩格尔系数	1.000	0.668
人口自然增长率	1.000	0.944
财政总收入	1.000	0.964
财政总支出	1.000	0.972
全社会固定资产投资	1.000	0.932

提取方法：主成分分析法

为了考察需要提取的主成分个数，需要计算各个主成分的特征值及相应贡献率。由相关系数矩阵计算各个主成分的贡献率和累积贡献率。

根据累计解释方差贡献率不小于85%，特征值不能小于1的原则，提取主成分，达到降维和降低指标间相关性的目的。经计算，累积贡献率，见表5-11。表5-11为利用SPSS11.0对表5-9中的17个变量计算出来的相关系数矩阵的特征值及其贡献率。特征值在某种程度上可被看成表示主成分影响力度大小的指标，特征值大于1说明该主成分有足够的解释力度，能够提供原始数据的足够信息。表5-11中的因子提取结果是未经旋转的因子载荷的平方和，它给出了特征值大于1的前3个因子，其中第一主成分的贡献率达到60.822%，第一主成分和第二主成分的累积贡献率达到78.421%，第一主成分、第二主成分和第三主成分的累积贡献率达到88.547%，因此具有较好的代表性，这说明前3个主成分提供了原始数据17个变量的88.55%的信息。因此，我们确定提取前3个主成分，这在一定程度上减少了原始数据的复杂性，而且其仅仅丢失11.45%的信息。综合权衡，选择3个主成分，代替17个原始变量，分析其与孝感市农业旱灾脆弱性之间的关系。

图5-8是因子分析结果碎石图，从碎石图上看，有3个主成分的特征值大于1，因此也应该提取3个主成分。

表 5-11 解释总方差

主成分	初始特征值			旋转后特征值		
	特征值	方差贡献率 /%	累计方差贡献率 /%	特征值	方差贡献率 /%	累计方差贡献率 /%
1	10.340	60.822	60.822	10.340	60.822	60.822
2	2.992	17.599	78.421	2.992	17.599	78.421
3	1.721	10.126	88.547	1.721	10.126	88.547
4	0.574	3.376	91.923			
5	0.483	2.840	94.764			
6	0.310	1.823	96.587			
7	0.275	1.616	98.202			
8	0.130	0.767	98.969			
9	8.833E-02	0.520	99.488			
10	3.919E-02	0.231	99.719			
11	1.680E-02	9.881E-02	99.818			
12	1.323E-02	7.782E-02	99.896			
13	9.863E-03	5.802E-02	99.954			
14	4.000E-03	2.353E-02	99.977			
15	2.723E-03	1.602E-02	99.993			
16	9.581E-04	5.636E-03	99.999			
17	1.996E-04	1.174E-03	100.000			

提取方法：主成分分析法

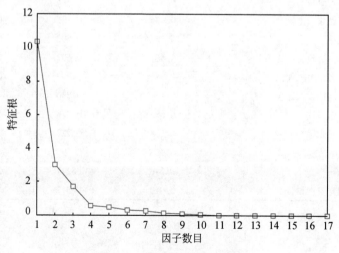

图 5-8 因子分析结果碎石图

　　因子载荷矩阵描述了原始变量与主成分之间的相关系数，又称为因子载荷量。主成分主要包含了相关系数较大的变量信息，见表 5-12。据此可以解释主成分的经济含义。表 5-12 是初始因子载荷矩阵，主要包括 3 个主成分。从表 5-12 可以看出，第一主成分主要包括金融机构存贷款比例、人均 GDP、人口面积、人均耕地面积、农业 GDP 占比、农民第一产业收入占比、农民工资性收入占比、财政总收入、财政总支出、全社会固定资产投资；第二主成分主要包括农业人口比例、人口自然增长率、教育支出占财政支出比例；第三主成分主要包括耕地灌溉率、农村城镇居民收入比例、教育支出占财政支出比例。从上述结果看出：这 3 个主成分对原指标信息的反映不是很清晰，无明显的侧重性，使得各主成分缺乏明显的实际意义，故需要进行改进。

表 5-12　初始因子负荷矩阵

指标变量	主成分		
	1	2	3
金融机构存贷款比例	−0.959	−0.156	2.864E-02
人均 GDP	0.972	−0.132	−0.114
人口面积	−0.919	−0.176	−0.229
人均耕地面积	−0.918	0.184	0.150
农业 GDP 占比	0.919	−0.064	0.305
农业人口比例	−0.177	0.938	−0.161
农民第一产业收入占比	0.835	0.428	7.031E-02
农民工资性收入占比	0.964	0.198	−0.066
耕地灌溉率	5.157E-02	0.502	0.717
教育支出占财政支出比例	0.481	0.607	0.452
乡村女性劳动力就业比例	−0.786	−0.037	0.348
农村城镇居民收入比例	−0.156	0.530	−0.684
农村恩格尔系数	0.683	−0.375	−0.247
人口自然增长率	0.538	0.723	−0.365
财政总收入	0.963	−0.190	−0.007
财政总支出	0.946	−0.277	3.315E-02
全社会固定资产投资	0.912	−0.317	1.585E-02

提取方法：主成分分析法

a：已提取了 3 个主成分

　　由于初始数据不能有效地反映有关情况，本书采用最大方差法进行因子旋转，改进后的结果，见表 5-13。表 5-13 是因子旋转矩阵，从表 5-13 可见，第一主因子主要包括金融机构存贷款比例、人均 GDP、人口面积、人均耕地面积、农民工资性收入占比、财政总收入、财政总支出、全社会固定资产投资，其方差贡献率是 60.822%，这些指标是对农业旱灾经济脆弱性和政治脆弱性的反映，是农业旱灾脆弱性的重要组成部分。第二主因子主要包括耕地灌溉率和教育支出占财政支出比例，其方差贡献率是 17.599%，该因子主要反映了政府的投入能力，一方面是政府在农业基础设施的投入，另一方面是政府在教育方面的投入。第三主因子主要包括农业人口比例、农村城镇居民收入比例和人口自然增长率，其方差贡献率是 10.126%，该因子主要反映的是人口因素对旱灾脆弱性的影响。人们往往受干旱灾害的影响，同时，人口自身能力的提高也能有效抵御旱灾影响。一般来说，穷人在灾害面前会显得更加脆弱。

表 5-13　因子旋转矩阵

指标变量	主成分		
	1	2	3
金融机构存贷款比例	−0.915	−0.274	−0.179
人均 GDP	0.987	0.037	0.008
人口面积	−0.837	−0.476	−0.032
人均耕地面积	−0.948	0.033	0.013
农业 GDP 占比	0.865	0.390	−0.203
农业人口比例	−0.303	0.405	0.825
农民第一产业收入占比	0.736	0.489	0.324
农民工资性收入占比	0.919	0.272	0.236
耕地灌溉率	−0.132	0.866	−0.054
教育支出占财政支出比例	0.308	0.815	0.211
乡村女性劳动力就业比例	−0.811	0.080	−0.279
农村城镇居民收入比例	−0.143	−0.238	0.834
农村恩格尔系数	0.762	−0.272	−0.110
人口自然增长率	0.458	0.269	0.814
财政总收入	0.973	0.083	−0.105
财政总支出	0.964	0.058	−0.198
全社会固定资产投资	0.940	0.013	−0.220

提取方法：主成分分析法

旋转法：具有 kaiser 标准化的四分旋转法

5.3.5 基于主成分分析的孝感农业旱灾脆弱性评价

以 3 个主成分的方差贡献率为系数构建农业旱灾脆弱性评价指数 Y，即

$$Y = (B_1 \times F_1 + B_2 \times F_2 + B_3 \times F_3) / \sum_{i=1}^{3} B_i \qquad (5\text{-}6)$$

分别将方差贡献率代入上式，即

$$Y = (60.822\% \times F_1 + 17.599\% \times F_2 + 10.126\% \times F_3)/88.547\% \quad (5\text{-}7)$$

由于 17 个原始指标的量纲不同，为便于计算，消除不同指标所带来的不同量纲之间的影响，将经过标准化之后的表 5-9 中的数据代入上式，就可以得出 1991～2009 年孝感市农业旱灾脆弱性的综合评价得分值及其排名，见表 5-14。

表 5-14 1991～2009 年孝感市农业旱灾脆弱性综合评价及排名（两种方法结果比较）①

年份	主成分分析法计算的结果			模糊综合评价法计算的结果		
	脆弱性	标准化值	排序	脆弱性	标准化值	排序
1991	5.54	100.00	1	0.632 7	81.84	8
1992	4.79	86.46	2	0.756 6	97.87	3
1993	4.26	76.89	3	0.755 3	97.69	4
1994	4.20	75.81	4	0.773 1	100.00	1
1995	3.71	66.96	5	0.726 4	93.96	5
1996	3.66	66.06	6	0.757 6	97.99	2
1997	3.33	60.11	7	0.701 0	90.67	6
1998	3.10	55.96	8	0.700 3	90.58	7
1999	2.20	39.71	9	0.582 3	75.32	10
2000	1.74	31.41	10	0.590 2	76.34	9
2001	1.25	22.56	11	0.574 1	74.26	11
2002	1.02	18.41	12	0.565 5	73.15	12
2003	0.85	15.36	13	0.548 9	70.99	13
2004	0.76	13.68	14	0.522 8	67.62	14

---

① 表 5-14 中脆弱性的模糊综合评价结果是按照前面第 4 章基于层次分析法的模糊综合评价方法计算得出，限于篇幅的限制，具体的计算过程略。只列出最终的计算结果，将两种方法计算出的结果进行对比分析。

续表

年份	主成分分析法计算的结果			模糊综合评价法计算的结果		
	脆弱性	标准化值	排序	脆弱性	标准化值	排序
2005	0.51	9.12	15	0.514 5	66.55	15
2006	-0.03	-0.59	16	0.498 3	64.46	16
2007	-0.35	-6.39	17	0.436 9	56.51	17
2008	-1.15	-20.76	18	0.356 6	46.13	18
2009	-1.86	-33.57	19	0.258 0	33.37	19

注：得分标准化=得分×100 /得分最大值

按照两种不同方法计算得出 1991～2009 年孝感市的农业旱灾脆弱性程度，从表 5-14 中可以看出，它们的排序结果大致相同。用主成分分析法计算的结果其排序是依次递增的，这说明随着孝感市经济、社会及政治等各因素的综合发展，孝感市的农业旱灾脆弱性程度是递减的。基于层次分析法的模糊综合评价方法计算的结果，其排序在 2001 年后是依次递增的，说明 2001 年后孝感市的农业旱灾脆弱性程度是递减的；而在 2001 年前其脆弱性程度有涨有落，但相差不大。总体来说，1991～2009 年，孝感市农业旱灾脆弱度呈现下降趋势。

随着宏观经济的良好发展态势及基础设施建设的逐步完善，孝感市的农业旱灾脆弱性程度将进一步降低。因此，总体上，这一阶段还是相对稳定的，而且随着社会经济的进一步发展，预计将来会更加稳定。

5.3.6 结果分析

从表 5-11 中的数据可以看出，第一主因子的方差贡献率最大，为 60.822%；其次是第二主因子，为 17.599%；而第三主因子的方差贡献率较小，仅为 10.126%。这说明对孝感农业旱灾脆弱性起主要影响作用的是第一主因子中的各项指标，这些经济社会指标的变化对农业旱灾脆弱性起主要作用。而第二主因子中的耕地灌溉率和教育支出占财政支出比例两个指标也对农业旱灾脆弱性有一定影响，但其影响远不如第一主因子中的各项指标显著。第三主因子中的农业人口比例、农村城镇居民收入比例和人口自然增长率等指标对旱灾脆弱性的影响也不如第一主因子和第二主因子显著。具体而言，我们可以得出以下几点结论。

（1）在反映第一主因子的各项指标中，金融机构存贷款比例、人均 GDP、人口面积、人均耕地面积、农民工资性收入占比、财政总收入、财政总支出、全社会固定资产投资的影响最大，这些指标是对农业旱灾经济脆弱性和政治脆弱性的反映，是农业旱灾脆弱性的重要组成部分。说明除了干旱因素本身外，区域的经济社会环境也是影响旱灾脆弱性的重要因素。这也再次说明了旱灾是干旱本身与脆弱性因子共同作用的结果。因此，提高社会经济整体水平对降低脆弱性程度，增强防旱抗灾能力具有非常重要的意义。

（2）在第二主因子中，耕地灌溉率和教育支出占财政支出比例两个指标所占比例最大，说明增加政府的投入力度对缓解脆弱性与增强抗旱能力具有重要的意义。一方面是政府对农业基础设施的投入，特别是在农田水利建设方面的投入。增加政府财政资金的投入，建立小型农田水利设施建设补助专项资金，加强小型农田水利建设，提高耕地灌溉率。良好的耕地灌溉条件能提高农户抗旱的能力，防止旱灾的发生。另一方面是政府在教育方面的投入，特别是在农村基础教育和职业技术教育方面的投入。知识水平和职业技能的提高能有效提高农户的收入水平和风险防范意识，从而降低脆弱性程度。

（3）在第三主因子中，农业人口比例、农村城镇居民收入比例和人口自然增长率是主要的影响因子，该因子主要反映的是人口因素对旱灾脆弱性的影响。人们往往受干旱灾害的影响，同时，人口自身能力的提高也能有效抵御旱灾影响。一般来说，穷人在灾害面前往往显得更加脆弱。

5.4 本章小结

本章以湖北省孝感市为研究区域，对孝感市近20年来的农业旱灾脆弱性进行了实证分析，得出了若干结论。这些结论对我们认识孝感市的农业旱灾脆弱性程度及分析影响旱灾脆弱性的因素具有非常重要的意义。当然，实证分析也存在一定的局限性，还有待进一步的完善与改进。

首先，影响旱灾脆弱性程度的因素是纷繁复杂的，而限于数据资料的可获得性，本章只是选取了部分的变量作为指标，很难完整地描述实际发生的情况并解释其发生的原因。

其次，本章的实证研究主要侧重于社会经济因素，而较少考虑地貌特征、气候条件与水文条件等自然因素本身，如水土保持能力、汛期降水量、积温水平和森林覆盖率等。然而这些也都是影响农业旱灾脆弱性的重要因素，这些指标的恶化有可能加深旱灾脆弱性程度。

最后，本章以中部省份湖北省孝感市为研究区域，带有一定的地域性特征。中部地区的干旱不像北方干旱带那么的突出，然而也是不容忽视的。

本章采用较为客观的主成分分析方法探索农业旱灾脆弱性的主要影响因素，不仅克服了旱灾脆弱性评价中许多难以量化的人为因素影响，使量化管理简便易行；而且充分克服了以往指标评估无法进行有效性检验的缺陷。

此外，基于主成分分析法的农业旱灾脆弱性综合评价方法有效规避了脆弱性评价指标权重设置中主观因素的影响。从方法的运用和结果来看，利用主成分分析法可以比较准确地评价农业旱灾脆弱性，具有较好的实用性。同时，评价的结果也具有一定的应用价值，可为中部地区防旱抗旱政策的制定提供依据；但主成分分析方法还有待进一步完善，在评价旱灾脆弱性时还应考虑到降雨量等自然因素。这在一定程度上影响了评估的精确性，将在以后的研究中进一步深入。

6 孝感农户干旱指数保险支付意愿及其影响因素分析

6.1 文献回顾及问题的提出

受全球气候变暖的影响，各种自然灾害频发，其中干旱灾害对农业生产的影响位居首位。如何化解农业风险，尽量减少干旱灾害对农户造成的损失是一项艰巨的工程。农业保险是一种分散农户风险的有效方法，但由于受农户自身及保险市场信息不对称等因素的影响，农户的投保意愿不强；然而指数保险能有效克服信息不对称问题。本章从农户自身特征的角度出发，揭示农户的旱灾脆弱性，以及他们对农业干旱指数保险的认知程度及支付意愿，对我国农业保险政策的实施具有重要的意义[①]。

国内众多学者运用计量方法对支付意愿进行了估计，并对影响支付意愿的因素进行了实证分析。例如，周玲强等（2006）运用假设评价方法评估了旅游消费者对生态旅游认证产品的支付意愿。雷娜等（2007）运用 Logistic 模型实证分析了农户对农业信息的支付意愿及其影响因素。在农业保险的研究方面，龙文军和温闽赟（2009）从分析农业自然灾害的特点入手，阐述了国家农业防灾救灾措施和农业保险经营管理机制，通过对比分析发现两者都是农业灾害救助体系的重要组成部分，不能互相替代。熊军红与蒲成毅（2005）运用回归分析得出结论：农民货币收入与农业保险需求高度相关，农民货币收入是制约农业保险需求的主要因素。宁满秀等（2006）利用多界二分选择问卷方式的条件评价法获取农户微观

---

① 在我国 10 多个受旱灾重创的省（直辖市、自治区）中，除安徽省政府在 2008 年下发的《关于开展政策性农业保险试点工作的实施意见》中明确提出，"种植业保险责任为人力无法抗拒的自然灾害，包括暴雨、洪水（政府行蓄洪除外）、内涝、风灾、雹灾、冻灾、旱灾、病虫草鼠害等，对投保农作物造成的损失"，其他省（直辖市、自治区）均未涉及旱灾保险。

数据，探讨不同保险条款下农户对农业保险制度的支付意愿及其影响因素。曾小波等（2009）运用条件价值评估方法测算了陕西泾阳县养殖户奶牛保险费用支付意愿，并运用 Logistic 回归模型分析了影响农户奶牛保险支付意愿的主要因素。国内学者在农业保险方面的研究主要集中在农业保险补贴、保险费率、保险需求及保险契约等方面，很少考虑到农户个体特征间的差异对农业保险支付意愿水平的影响。

6.2　调查问卷的设计与方法

6.2.1　调查目的

调查问卷设计的对象为农户。对于农户的调查，旨在了解以下几个方面的问题：①旱灾脆弱性因素主要体现在哪些方面？②农民的旱灾处理策略有哪些？③农民对干旱保险的态度如何？围绕这些问题，调查从以下几个方面展开。

6.2.2　调查方法

6.2.2.1　问卷调查法与访谈法相结合

问卷调查法也称"书面调查法"，是用书面形式间接搜集研究材料的一种调查手段。通过向调查者发出调查问卷，调查者填写对有关问题的意见和建议，然后通过归纳总结问卷来间接获得材料和信息的一种方法。

访谈法是指通过访问者和受访人面对面地交谈来了解受访人的心理和行为的心理学基本研究方法。访谈以口头形式，根据被询问者的答复搜集客观的、不带偏见的事实材料，以准确地说明样本所要代表的总体的一种方式。访谈法能够简单地收集多方面的工作分析资料，因而被广为运用。

6.2.2.2　意愿调查法

意愿调查法又称意愿调查价值评估法，是一种基于调查的评估非市场物品和服务价值的方法，利用调查问卷直接引导相关物品或服务的价值，所得到的价值依赖于构建（假想或模拟）市场和调查方案所描述的物品或服务的性质。这种方法是西方国家进行环境物品价值评估时用得最多的一种方法。意愿调查法是一种典型的陈述偏好法，在本次调查活动中，用意愿调查法调查农户对干旱保险的支付意愿。

6.2.3 样本的选择

孝感市位于湖北省中北部偏东，是武汉"8+1"城市圈的内核城市之一，受亚热带季风气候的影响，初夏梅雨期暴雨频繁易洪涝，盛夏高温蒸发量大，常有伏旱。洪灾与旱灾成为该市主要的自然灾害；同时，孝感市是农业大市，也是产粮大市；农业的稳定与发展对该市经济的发展、农民收入水平的提高，以及"武汉城市圈"建设都具有非常重要的意义。

本次调查活动是孝感学院 2010 年 5 月对湖北省孝感市农户旱灾风险意识及保险意愿的调查。调查涉及孝感市所属的 7 个县市（区），113 个村（社区），见表 6-1。调查采用随机抽样的方法对农户旱灾风险意识及保险意愿等情况进行了入户访谈和问卷调查。通过问卷调查的方式，获得农户特征、旱灾脆弱性及旱灾风险意识等相关资料，应用意愿调查法调查农户对农户干旱指数保险的支付意愿。

表 6-1 调查样本来源分布情况

地区	村（社区）数/个	户数/户	户数所占比例/%
云梦县	20	52	19.05
孝昌县	18	39	14.29
大悟县	16	30	10.99
应城市	8	27	9.89
汉川市	9	28	10.25
安陆市	18	25	9.16
孝南县	24	72	26.37
总计	113	273	100.00

6.3 孝感样本农户基本信息

本次调查发出问卷300份，经过初步整理与分析，共得到有效问卷273份，其中云梦县52份、孝昌县39份、大悟县30份、应城市27份、汉川市28份、安陆市25份、孝南县72份。在被调查的273个样本中，男性为174人，占63.7%；女性为99人，占36.3%。样本的统计结果表明，从性别、年龄、受教育程度、收入等人口学特征看，调查范围比较广泛。被调查者的基本信息包括以下几个方面。

6.3.1 被调查者的年龄特征

从表6-2可以看出，在所有的273个被调查者中，30岁及以下的年轻人有32人，占样本总数的11.72%；31~60岁的有220人，占样本总数的80.59%；60岁以上的有21人（不含60岁），占样本总数的7.69%。被调查者中以中老年人居多，主要是因为农村的青壮年劳动力几乎都外出务工或求学，留在农村的大多数是老人和孩子。

表6-2　被调查者的年龄结构分布

年龄段/岁	人次	所占比例/%	最小值/岁	最大值/岁	均值/岁
≤30	32	11.72			
31~40	27	9.89			
41~50	131	47.99	19	73	45.88
51~60	62	22.71			
>61	21	7.69			
总计	273	100.00			

6.3.2 被调查者的文化程度

从被调查者受教育程度来看，小学及以下95人，占34.62%；初中学历97人，占35.48%；高中学历32人，占11.88%；大学学历49人，占18.02%，见表6-3。由此可见，绝大部分被调查者具有小学或初中文化水平。随着国家免费提供九年义务教育，农户接受教育的积极性有了很大提高，农村的总体文化水平也有了较大的发展，纯粹的文盲已经很少了；即使有，也往往集中在60岁以上的老年人中。

表 6-3 被调查者的文化程度

地区	教育程度占被调查对象比例/%				
	小学以下	小学	初中	高中	大学及以上
云梦县	28.84	23.08	38.46	3.85	5.77
孝昌县	5.13	33.33	41.02	10.26	10.26
大悟县	6.67	36.67	26.66	10.00	20.00
应城市	0.00	18.52	40.74	22.22	18.52
汉川市	3.57	25.00	32.15	7.14	32.14
安陆市	8.00	16.00	36.00	20.00	20.00
孝南县	1.39	36.11	33.33	9.72	19.45
加权平均	7.66	26.96	35.48	11.88	18.02

6.3.3　被调查者的家庭规模和经营规模

由表6-4可见，在273个被调查者家庭中，家庭人口数最多为13人，最少为2人，平均每个家庭有4人。其中，3～4人的家庭最多，一共有143户，占样本总数的52.38%；5～6人的家庭次之，一共有110户，占样本总数的40.29%；大于等于7人的家庭有18户，占样本总数的6.59%；小于等于2人的家庭最少，仅有2户，占0.73%。由调查数据得知，研究区域劳动力规模偏小，是典型的小农户模式。

表 6-4 被调查者的家庭人口数

家庭人口/人	户数	所占比例/%	最小值/人	最大值/人	均值/人
≤2	2	0.73			
3～4	143	52.38	2	13	4.74
5～6	110	40.29			
≥7	18	6.59			
总计	273	100.00			

由表6-5可知，在耕地面积方面，每户的经营规模非常有限，耕地面积小于等于2亩的农户有66户，占24.18%，耕地仅用来种植蔬菜或粮食，产出仅够家庭生活所需；5亩以下的农户有190户，占69.60%；耕种5亩以上的中等规模农户83户，占30.40%。在所有调查样本中耕地面积最多达25亩，最少的仅有0.5亩，均值为4.87亩。由此可见，研究区域户均人口规模不大，是典型的小农户家庭经营模式，每户的耕地面积是有限的。

表6-5　被调查者家庭的耕地面积情况

耕地面积/亩	户数	所占比例/%	最小值/亩	最大值/亩	均值/亩
0<A≤2	66	24.18			
2<A≤5	124	45.42			
5<A≤10	62	22.71	0.5	25	4.87
>10	21	7.69			
总计	273	100.00			

6.3.4　被调查者家庭经济收入

用农户家庭的人年均收入反映家庭经济情况，从表6-6可以看出，样本农户中，人年均收入小于等于2000元的有66户，占24.18%；人年均收入小于等于2500元的有175户，占64.11%；人年均收入介于2500元至3000元之间的有80户，占29.30%；人年均收入大于3000元的仅有18户，占6.59%。

表6-6　被调查者家庭的人年均收入

人年均收入/元	户数	所占比例/%	最小值/元	最大值/元	均值/元
0<A≤2 000	66	24.18			
2 000<A≤2 500	109	39.93			
2 500<A≤3 000	80	29.30	1 500	5 000	2 402.97
>3 000	18	6.59			
总计	273	100.00			

在样本农户中，以农业收入作为唯一收入来源的几乎没有。要么家庭成员中有常年在外务工者获得非农收入；或者农闲的时候在村庄附近打点散工来贴补家

用；有的在家务农的同时，还在当地从事建筑、运输或经商等经营活动。非农收入的多少，以及是否有技能是影响家庭收入的主要因素。

6.4 孝感农户旱灾脆弱性、灾害损失认知及规避行为调研

6.4.1 样本农户旱灾脆弱性影响因素

当被问及"您认为影响旱灾脆弱性的因素有哪些？（可多项选择）"时，回答"贫穷"的农户占 77.29%；69.23% 的农户认为水利基础设施年久失修，没有发挥应有作用；46.89% 的农户认为不规则降雨等气象因素；其他影响因素依次为缺乏信贷和保险服务、地理位置的原因、政府政策不充分及缺乏气象预测的信息等（表6-7）。由此可见，农户经济收入、基础设施及农村金融等因素对农户的旱灾脆弱性有着重要的影响，而不仅仅是干旱本身的因素影响农户的旱灾脆弱性程度。

表 6-7 被调查者对旱灾脆弱性影响因素的认识

影响因素	样本农户/户	所占比例/%
贫穷	211	77.29
水利基础设施年久失修，没有发挥应有作用	189	69.23
政府政策不充分	71	26.01
缺乏气象预测的信息	54	19.78
缺乏信贷和保险服务	97	35.53
不规则降雨等气象因素	128	46.89
地理位置的原因	76	27.84

6.4.2 农户干旱灾害损失认知及规避行为

6.4.2.1 农户干旱灾害损失认知

当被问及"您认为旱灾对农户的影响有哪些？（可多项选择）"时，86.08%

的农户认为会导致农作物减产甚至绝收；50.18%的农户认为会导致经济损失，以致无法偿还贷款、无法养家或无法供孩子上学；其他方面的影响包括牲畜损失、水缺乏及饥饿等（表6-8）。由此可见，旱灾对农户的生产、生活及健康等都会造成一定的影响。

表6-8　被调查者对干旱灾害损失的认知

损失影响	样本农户/户	所占比例/%
农作物损失	235	86.08
牲畜损失	74	27.11
水缺乏	78	28.57
导致饥饿相关的疾病	12	4.40
经济损失，以致无法偿还贷款、无法养家、无法供孩子上学	137	50.18
其他	16	5.86

6.4.2.2　样本农户干旱灾害规避行为

当被问及"干旱灾害发生后，您采取了哪些措施来减轻旱灾的影响？（可多项选择）"时，62.64%的农户会减少正常消费支出；61.91%的农户选择外出务工赚钱；53.11%的农户会补种其他农作物；49.08%的农户会向亲友借钱借粮；少数特别困难的家庭会变卖部分固定资产、依靠政府救济渡过难关或者让孩子辍学；也有一部分农户没有采取任何措施，这一部分农户往往耕地面积很少，家庭收入来源以非农收入为主，旱灾对其影响不大，故没有采取任何措施；仅有3.66%的农户选择依靠农作物保险（表6-9）。由此可见，在灾害面前，大多数农户首先选择的是通过自救，不到三分之一的农户选择依靠政府救济或农作物保险。

表6-9　被调查者的干旱灾害规避行为

措施	样本农户/户	所占比例/%
没有采取任何措施	42	15.39
补种其他农作物	145	53.11
变卖部分固定资产，如大型农具、房屋、耕牛、家电等	13	4.76
外出务工赚钱	169	61.91

续表

措施	样本农户/户	所占比例/%
让孩子辍学	20	7.33
减少正常消费支出	171	62.64
向亲友借钱借粮	134	49.08
依靠政府救济渡过难关	63	23.08
依靠农作物保险	10	3.66

6.4.3 农户对农业保险的认知与态度调查

6.4.3.1 对农业保险的认知

当被问及"您了解农业保险吗？"时，80.22%的农户表示了解一点；19.41%的农户表示完全不了解；仅有1人表示非常了解。农户了解农业保险的途径包括广播电视、报纸、村里人及村干部宣传和保险公司人员上门推销等（表6-10）。由此可见，农户对农业保险的认知程度还比较低，缺乏正规的持续的认知渠道。

表6-10　被调查者对农业保险的认知

认知程度	样本农户/户	所占比例/%
完全不了解	53	19.41
了解一点	219	80.22
非常了解	1	0.37
总计	273	100.00

6.4.3.2 对农业保险的态度

当被问及"您认为农业保险是否能够有效分散生产损失？"时，68.23%的农户表示有一定效果；认为完全没有效果的仅占7.2%。在不愿意购买农业保险的189人中，当被问及"如果您不愿意购买农业保险，原因是什么？（可多项选择）"时，71.43%的农户认为买保险所起的作用不大；66.67%的农户不相信保险公司，怀疑保险的赔付，怕麻烦；43.92%的农户想买，但买不起；其他的原因还包括周围人都没买、不喜欢设计的保险条款及自己可以承担风险等（表6-11）。由此可见，农户不愿意购买农业保险不仅仅是由于经济无法承担，很大程度上是由于对农业保险的信任程度不高。

表6-11　被调查者不愿意购买农业保险的原因

原因	样本农户/户	占不愿意购买农业保险人数的比例/%
想买，但买不起	83	43.92
买保险所起作用不大	135	71.43
不相信保险公司，怀疑保险的赔付，怕麻烦	126	66.67
不喜欢设计的保险条款	62	32.80
周围人都没买	75	39.68
自己可以承担风险	51	26.98

与对农业保险态度非常一致的是：对农业保险政策感觉不满意的农户占样本总数的比例也很高，达到86.34%；持满意态度的农户仅仅占2.35%。农业保险需求不足主要是由于农户对农业保险的信任程度不高，对现行的农业保险政策不满意。因此，我们有必要认真反思一下现行的农业保险政策，要不断调整、不断改进。表6-12列出了被调查者对农业保险政策的期望。

表6-12　被调查者对农业保险政策的期望

改进方面	样本农户/户	所占比例/%
多宣传，让农民有了解、学习保险的途径	245	89.74
提供多种形式的、灵活的保险品种	173	63.37
简化保险赔付的手续	230	84.25
有专人、专业机构负责，便于随时了解	82	30.04
其他	26	9.52

由表6-12可以看出，农户最希望解决的问题是：有更多了解保险的途径、简化保险赔付的手续及提供多种形式的、灵活的保险品种等。如果农户能从农业保险中得到更多的实惠，他们的投保积极性会大大提高。

6.5 孝感农户干旱指数保险支付
意愿及其影响因素分析①

6.5.1 研究假设及模型选择

模型中被解释变量是农业干旱指数保险的支付意愿，是一个二分变量，将愿意支付定义为 $Y=1$，将不愿意支付定义为 $Y=0$。

模型引入以下解释变量。

(1) 被调查农户个人特征变量：年龄（X_1）、受教育程度（X_2）；

(2) 农户家庭特征变量：家庭的人年均收入（X_3）、非农收入比重（X_4）、农业劳动力比重（X_5）、耕地面积（X_6）。

(3) 农户认知特征变量：对农业干旱保险的认知程度（X_7）、对保险公司的信任程度（X_8）、对政府农业保险补贴的态度（X_9）。

为了检验农户农业干旱指数保险支付意愿的影响因素，本书建立了支付意愿影响因素的 Logistic 计量经济模型，对 273 个农户样本进行了实证分析。

设 $Y=1$ 的概率为 P，则 Y 的分布函数为

$$F(Y) = P^Y (1-P)^{(1-Y)}, \quad Y = 0, 1 \tag{6-1}$$

本书用二元选择模型 Logistic 回归模型进行分析。Y 是以上解释变量的线性组合，用公式可表示为

$$Y = \beta_0 + \beta_1 X_1 + \beta_2 X_2 + \beta_3 X_3 + \beta_4 X_4 + \beta_5 X_5 + \beta_6 X_6 + \beta_7 X_7 + \beta_8 X_8 + \beta_9 X_9 + v(1) \tag{6-2}$$

其中，v 为残差项。

6.5.2 样本农户对农业干旱保险的支付意愿统计

调查显示，有 75 人（27.5%）表示愿意购买农业干旱保险，198 人（72.5%）

① 在本书的调查数据和计量分析中，为了使农户能更好地理解，并且与其他地方的数据进行对比分析，在面积单位的表示中采用了传统的亩作为单位，而没有采用国家标准中的法定计量单位公顷。

对购买农业干旱保险的支付意愿不强。除农户自身因素外，农户的支付意愿也受政府补贴水平与保障额度等因素的影响。保险公司在对旱灾赔付时会根据实际情况制定相应的标准，确定保额、保费与赔付额之间的关系①。本书分两种方案考察不同政府补贴水平下农户对农业干旱指数保险的支付意愿，即：①每亩保额200元，每亩保费20元，政府给予不同程度保费补贴，分别为0%、20%、40%和60%时，对应农户的实际保费分别为20元、16元、12元和8元；②每亩保额400元，每亩保费40元，政府给予不同保费补贴，分别为0%、20%、40%和60%时，对应农户的实际保费分别为40元、32元、24元和16元。农户支付意愿的统计性描述见表6-13。

表 6-13 被调查者对干旱指数保险的支付意愿统计

方案一					方案二				
WTP 区间 /(元/亩)	政府补贴率/%	样本个数 /个	投保率 /%	频率 /%	WTP 区间 /(元/亩)	政府补贴率/%	样本个数 /个	投保率 /%	频率 /%
0 ~ 10	60	110	100	39.9	0 ~ 20	60	118	100	43.2
11 ~ 15	40	87	59.7	31.9	21 ~ 30	40	106	56.7	38.8
16 ~ 20	20	50	27.8	18.3	31 ~ 40	20	35	17.9	12.8
20 以上	0	26	9.5	9.5	40 以上	0	14	5.1	5.1
总计		273		100			273		100

资料来源：根据调查样本测算

根据表6-13，计算不同支付水平下农户支付意愿的加权平均数。计算公式为

$$\text{WTP} = \sum_{i=1}^{k} A_i \frac{n_i}{N} \qquad (6\text{-}3)$$

其中，WTP 为被调查地区农户的支付意愿，A_i 为第 i 水平下农户的支付意愿，n_i 指支付意愿为 A_i 的人数，N 为被调查农户的总数。根据调查数据，计算出两种方案下被调查农户的支付意愿 WTP 分别为13.9元/亩和24.3元/亩。

---

① 阳光农业保险在黑龙江地区承保时，水田保额为300元/亩，旱田保额为200元/亩，赔付额将按保额的50%计，水田赔付150元/亩，旱田赔付100元/亩。同样，所收取的保费也不同，如以旱田保额200元/亩计算，保费约20元。在所缴保费中，政府补贴60% ~ 80%，剩余保费由农户自己出资。在核赔过程中，衡量农作物是否减少的标准主要依据当地农作物多年的平均产量。

在本模型中，各影响因素选取的具体变量及统计数据由表6-14给出。

表 6-14 模型变量说明及统计性描述

变量名称	变量定义	平均值	有支付意愿	无支付意愿	先验判断
年龄（X_1）	被调查者年龄/岁	45.88	41.17	47.66	负向
文化程度（X_2）	0=小学及以下；1=初中；2=高中；3=中专；4=大专以上	1.02	1.68	0.76	正向
家庭人年均收入（X_3）	家庭人年均收入/元	2 402.97	2 720.80	2 282.6	正向
非农收入比重（X_4）	外出务工等非农业收入占全部收入比重/%	58.87	52.96	61.11	负向
农业劳动力比重（X_5）	农户实际从事农业的劳动力占全部劳动力比重/%	52.65	55.42	51.60	正向
耕地面积（X_6）	家庭总耕地面积/亩	5.19	7.00	4.50	正向
对农业干旱保险的认知程度（X_7）	0=完全不了解；1=了解一点；2=非常了解	0.81	0.97	0.75	正向
对保险公司的信任程度（X_8）	0=完全不信任；1=比较不信任；2=比较信任；3=非常信任	1.92	1.32	0.77	正向
对政府农业保险补贴的态度（X_9）	0=不满意；1=满意	0.22	0.47	0.13	正向
被解释变量					
支付意愿（Y）	0=不愿意支付；1=愿意支付				

6.5.3 实证结果分析

本研究运用 EViews 6.0 统计软件对调查数据进行回归分析，结果见表6-15。从回归结果看，模型整体拟合效果较好，与理论预期基本一致。根据模型运行结果，本书将农户对农业干旱保险支付意愿的主要影响因素归纳为以下几个方面。

表 6-15 回归模型的参数估计结果

变量	回归系数 β	标准误差	Z 统计值	P 值
X_1	−0.029 691	0.024 030	−1.235 588	0.216 6
X_2	0.366 643	0.225 404	1.626 602	0.103 8
X_3	0.002 348	0.000 509	4.613 236	0.000 0
X_4	−0.021 031	0.011 178	−1.881 507	0.059 9
X_5	−0.005 905	0.016 793	−0.351 631	0.725 1
X_6	0.169 061	0.057 101	2.960 720	0.003 1
X_7	1.739 449	0.714 481	2.434 564	0.014 9
X_8	1.241 183	0.365 998	3.391 227	0.000 7
X_9	0.433 338	0.430 838	1.005 802	0.314 5
常数项（C）	−8.140 744	2.220 744	−3.665 774	0.000 2

6.5.3.1 被调查者年龄及受教育程度

从模型估计结果看，被调查者年龄对农户支付意愿的作用为负，系数为0.029 691。这说明年龄越高，支付意愿越低。之所以如此，原因有二：其一是年龄越高，接受新生事物的能力越低，从而不愿意接受农业保险；其二是随着年龄的增加，务农的时间越长，所积累的经验越多，分散风险的能力越强，从而对农业保险的支付意愿越低。但 P 值为0.2166，结果不是很理想，其原因可能是年龄不是影响支付意愿的显著因素。

被调查农户个人文化程度变量对农户支付意愿的影响比较显著，且系数符号为正，系数为0.366 643。这说明在其他条件不变的情况下，户主文化水平越高，则对农业干旱保险的支付意愿越强。因为较高文化程度者对新兴事物的接受能力强，且能识别和把握保险分散风险的作用机制。

6.5.3.2 农户家庭的人年均收入和非农收入比重

农户家庭的人均收入变量对农户支付意愿的作用为正。在其他因素不变的条件下，家庭人均收入越高的农户进行保险投资的相对成本越小，支付能力越强，其支付意愿会相应增强。但从相关系数来看，影响不是很明显。

农户非农收入比重对农户支付意愿的作用为负，非农收入越高，旱灾风险对其影响越小，农户利用干旱保险的积极性就越低，从而在一定程度上限制了农户的干旱保险投资意愿。但从相关系数来看，影响不是很明显。

6.5.3.3 农户农业劳动力比重①和耕地面积

模型运行结果表明，农业劳动力比重对农户支付意愿的作用为负，与预期方向相反。原假设认为农业劳动力比重较大的农户对农业生产的依赖程度越强，干旱保险能分散他们面临的自然灾害风险，因而支付意愿较强。但实际结果却与之相反，且没有通过检验，可能的原因是农业劳动力比重越高，则外出务工收入越低，家庭人均收入越低，支付能力越低，其支付意愿会相应降低。

耕地面积对农户支付意愿的作用为正，系数为 0.169 061，影响比较显著。在其他因素不变的条件下，耕地面积越大的农户对农业生产的依赖程度越强，因而支付意愿较强。

6.5.3.4 对农业干旱保险的认知程度

农户对干旱保险的认知程度也是影响农户支付意愿的主要因素，其系数为 1.739 449，且系数符号为正。这说明对干旱保险的认知程度越高，则对保险的支付意愿越强。

6.5.3.5 对保险公司的信任程度

从模型估计结果看，农户对保险公司的信任程度也是影响农户支付意愿的主要因素，其系数为 1.241 183，且系数符号为正。这说明对保险公司的信任程度越高，越认为农业保险可以分散风险，则对保险的支付意愿越强。

6.5.3.6 对政府农业保险补贴的态度

从模型估计结果看，农户对政府性农业保险补贴的态度会影响农户的支付意愿，且作用为正，其系数为 0.433 338，但参数估计值的显著性水平不高。对保险费用进行补贴实际上是保险费用的降低，对保险费用补贴的态度满意与否是直

---

① 农业劳动力一般是指能参加农业劳动的劳动力的数量和质量。农业劳动力的数量，是指社会中符合劳动年龄并有劳动能力的人的数量，以及不到劳动年龄或已超过劳动年龄但实际参加劳动的人的数量。农业劳动力的质量是指农业劳动力的体力强弱、技术熟练程度和科学、文化水平的高低。

接影响农户支付意愿的一个重要因素。然而，在本样本中并没有通过检验，可能的原因是农民对政府补贴不是太在乎，因为补贴的金额有限。所以，即使没有补贴，支付意愿比较强的用户也会购买保险。

综上所述，以上 9 个因素都对农户的农业干旱保险支付意愿有着不同程度的影响。其中，受教育程度（X_2）、耕地面积（X_6）、对农业干旱保险的认知程度（X_7）、对保险公司的信任程度（X_8）及对政府农业保险补贴的态度（X_9）5 个因素对农户支付意愿具有显著的影响，且与预期的影响方向相同；年龄（X_1）、家庭人年均收入（X_3）及非农收入比重（X_4）3 个因素对农户支付意愿影响不显著，但与预期的影响方向相同；农业劳动力比重（X_5）对农户支付意愿影响不显著，而且与预期影响方向相反。原假设认为家庭农业劳动力比重较大的农户对农业生产的依赖程度越强，干旱保险能分散他们面临的自然灾害风险，因而支付意愿较强。但实际结果却与之相反，且没有通过检验，可能的原因是农业劳动力比重越高，则外出务工收入越低，家庭人均收入越低，支付能力越低，其支付意愿会相应降低。

6.6　本章小结

本章研究表明：被调查农户农业干旱保险意愿不强，其中72.5％的农户没有支付意愿；有支付意愿的农户愿意支付的保险费也相当低，平均只有每亩 12 元。其原因主要可归结为：农户家庭人年均收入较低，受教育水平低及干旱保险意识较弱等。基于此，笔者提出以下政策建议。

第一，加大对农村的人力资本投资。增加农村教育投入，特别是农村基础教育与职业技术教育的培训与学习，提高农户受教育水平。我国在广大农村地区普及九年义务教育，并对农民工培训实施财政补贴，这些措施都有利于提高农民的知识水平和职业技能。当然，此类政策措施还有待进一步的贯彻落实。

第二，增加农民收入，提高支付能力。开发用工渠道，增加农户外出务工的机会，提高非农收入在农户家庭收入中的比重，从而增加农户家庭的总体收入，加强他们对农业保险的支付能力。

第三，加强农业干旱指数保险的宣传教育工作。农户对干旱指数保险的认知程度及对保险公司的信任程度是影响其支付意愿的重要因素。不信任往往来源于不了解。因此，政府可以通过广播、电视、报纸及保险公司的宣传等途径让农户对农业保险有一定的了解，并且保证其持续性。最好是在一定地域范围内成立农业保险政策咨询服务室，让农户随时可以去了解相关政策。同时，每村培养一名农业保险咨询员，以便能最及时、最亲切地传达农业保险的最新政策。随着认知程度的提高，农户对保险公司的信任程度及对政策的响应程度也会不断提高。

第四，探讨合理的农业保险补贴方式和标准。借鉴国外农业保险费率厘定及政府补贴的成功经验，根据不同区域的实际情况，并综合考虑农户的支付意愿来确定农业保险补贴方式和标准，使农户能得到实惠，真正满意。

第五，加强天气指数保险研究力度，积极推进天气指数保险试点工作。借鉴国外先进经验，结合我国气候的特点和各地作物生产的具体情况，并考虑我国农业生产以个体农户小规模经营为主，农户所处地理位置分散的特点，设计一些有针对性的、实用的天气指数保险产品。

7 农业旱灾风险管理的金融创新路径：天气指数保险与天气衍生品

7.1 天气风险与传统农业保险

7.1.1 农业生产面临天气风险

7.1.1.1 天气风险的种类

天气风险是指因天气气候事件给人们生命财产安全和生产经营活动带来的不确定性。根据天气风险发生概率和造成后果不同，天气风险可分为天气灾害风险和一般天气风险。

天气灾害风险主要指暴雨山洪、热带风暴（飓风）、洪涝、冰雹、冰冻等灾害性天气事件的发生造成财产损失和生命安全的可能性（祝燕德等，2006）。这类风险具有较低的发生概率，但风险性较高，造成的损失比较大，属于巨灾风险的范畴。

一般天气风险是指由气温、湿度、雨、雪、风、雾等非灾难性天气事件的发生导致未来收益的不确定性。这类风险具有较高的发生概率，但风险性较低，损失较少。这类天气风险发生的频率比较高，有时持续的时间也比较长，会降低农作物的产量，其短期影响效果不是特别显著，但是长期积累的效果是不容忽视的。

7.1.1.2 天气风险对农业的影响

近年来，受全球气候变暖的影响，异常天气情况发生的概率越来越大，天气灾害发生越来越频繁，并且引发严重的次生灾害，造成严重的损失。农业是一个弱质性行业，农业生产充满了各种各样的风险。农民不得不面临多种风险，如异常的天气情况、价格的变动、未来收入的不确定性、牲畜爆发疫病及病虫害等。这些因素对农民的收入和财富都会产生消极的影响。在影响农作物生产的多种风险因素中，天气是最重要的因素。农业面临的天气灾害风险明显大于其他行业，如洪水、干旱、飓风等灾害会致使农作物减产或绝收。特别是近年来全球气候变暖加快，天气急剧变动引发农业自然灾害频发，其发生的频度及破坏性程度呈愈演愈烈之势。许多发展中国家的农民往往会因为气候变动陷入"贫困陷阱"。

天气给农业带来的灾害有三个方面：第一个方面是直接的灾害，尤其是旱涝；第二是病虫害对农业生产的产量影响很大，但病虫害的发生是和温度息息相关的；第三个类似于霜冻、冰雹、暴雨，包括小麦的干热风等对粮食的影响也是非常致命的。在整个农业生产过程中，天气的风险完全由老百姓自己承担，对农民增收影响很大。

我国是世界上受天气灾害影响最严重的国家之一，主要的灾害有旱灾、暴雨、洪涝、台风以及暴雪灾害等。天气灾害种类多、强度大、频率高，严重影响农业发展和农民增收，严重威胁人民生命财产安全，给国家和社会造成巨大损失。据统计，我国每年因各种天气灾害造成的农作物受灾面积达 5000 万 hm^2，受台风、暴雨（雪）、干旱、沙尘暴、雷电、冰雹、霜冻和大雾等重大天气灾害影响的人口达 4 亿人次，造成的经济损失相当于国内生产总值的 1%～3%。

我国农业生产力落后，抗灾能力差，农业收成的好坏与自然灾害的发生有很大关系。在天气灾害造成的农业损失中，洪灾占 30%、旱灾占 60%；北旱南涝、春旱秋涝、旱涝交替情况几乎年年大面积发生。尽管我国灾害预报与防控水平不断提高，但受灾情况越来越严重。我国近五十年来自然灾害发生日益频繁、巨灾次数不断增加，由 20 世纪 60 年代的 16 次上升到 70 年代的 29 次，特别是 80 年代更是达到 70 次。由于减灾救灾体制与机制不够完善，自然灾害造成的经济损失也不断增长，从 20 世纪 60 年代的 446.25 亿上升到 80 年代的 1367.65 亿元，90 年代自然灾害的经济损失更是达到 14074.65 亿元（聂峰，2008）。

7.1.2 我国天气风险管理的主要措施

我国天气灾害风险非常显著，国家每年也为之支付了巨额的灾害救济费。天气风险的管理是一个由风险识别、风险评估、风险管理和灾后重建组成的一项系统工程。不论从经济学还是社会学意义看，风险的防胜于治。然而，由于预防灾害损失的收益短期内不可见，人们对减灾的投入积极性不高，往往倾向于天气灾害发生时再采取治灾措施，宁可花费大量的资金。从经济学上看，这样轻视预防、偏重救急的思路和决策是最不经济的。

我国现有的控制和分散农业天气风险的主要措施包括风险控制、保险转移、政府救济和农产品期货。

风险控制是指利用天气预报等气象科技信息提前识别所面临的天气风险，采取有效措施，降低经济损失，比如在寒潮来临前搭建温室、铺设地膜，在大风来临前加固植株等。农业生产周期长，而三天以后的天气预报准确度会随着天数的增加而递减，这就使基于天气预报的风险控制无法大幅降低。同时，即便有了准确的天气预报，巨大的天气灾害（比如台风、洪涝等）所带来的损失也是农业生产者无法避免的。

保险转移指通过向保险公司支付保险费，将天气风险转嫁给保险公司。农业保险是转嫁农业天气风险的重要途径。传统农业保险包括多重风险保险、个人产量保险及区域产量保险等几种形式。但在我国，农业保险还处于试点阶段，农民的投保意识还不强；财政对农业保险的补贴有限；再加上农业保险市场信息不对称等因素的制约，农业保险"需求不足，供给有限"的尴尬境地在短期内不会得到改善。传统的保险市场不愿意或不能为农作物生产提供风险管理机制。

政府救济也会在一定程度上降低天气灾害给农业带来的损失。我国每年因天气灾害提供的政府救济、补贴达到几十亿元。但是由于财力有限，国家和地方政府的救济往往是"杯水车薪"，远远不能弥补重大天气灾害给农业带来的巨额损失。面对传统农业保险的不足，各国政府采取多种形式补贴农业保险产品或提供各种形式的灾害救济，例如，直接的保险费率补贴，或者以低于市场的保险费率提供再保险等。然而，面对农业保险市场的失灵，政府的干预也不是必然有效的，如政府补贴相反降低了农民投保的积极性，政府干预的行政成本高等不良影响常常存在，甚至会产生寻租成本，从而会增加风险。并且由于大多数发展中国家的财政限制，高额补贴等方式不是一种现实的政策选择。

农产品期货市场也是农业生产者避险保值的重要渠道，但主要规避的是现货市场价格波动的风险，对于产量风险，特别是重大天气灾害引发的产量大幅波动的风险无法规避。同时期货市场能够覆盖的农产品品种有限，只能针对少数大宗的、易于分级和标准化以及易于储存和运输的农产品。

现有控制和分散天气风险的做法由于有着种种的缺陷，使得目前我国农业天气风险的大部分不能得到有效管理，只能由农民承担。

7.1.3　国外天气风险管理的启示

全球气候变化及天气风险管理问题已吸引越来越多国家政府和学者的关注。应对气候变化，做好天气灾害风险管理，降低灾害损失，是关系经济社会发展全局的一件大事。风险的种类不同，风险管理方法不同。低发生率—高风险性的灾害性天气风险一般通过天气指数保险来规避；高发生率—低风险的非灾害性的天气风险事件一般可以通过天气衍生品来管理。

最早出现天气指数保险的概念是在 20 世纪 90 年代后期。随之，天气指数保险作为风险管理工具获得了难以置信的增长。1992 年，美国芝加哥商品交易所推出了巨灾保险期货和期权，从而开创了保险衍生产品的先河，为保险风险转移至资本市场开启了实践先例。这些新的金融工具让保险公司的相关风险证券化，并且能有效克服传统再保险市场的局限性。指数保险产品和金融衍生品的形成为发展中国家的农村地区提供了一种新的风险转移机制。虽然发展中国家和地区对以天气指数为基础的农业保险需求是有限的，但对天气指数的使用存在很大的潜力。

现有的天气风险管理做法有着种种的缺陷，传统农业保险的不足使得保险市场不愿意或不能为农作物生产提供风险管理机制。鉴于此，我们应该积极学习与借鉴国外天气风险管理的实践与理论，寻求分散和转移农业天气风险的金融创新路径。

虽然干旱的破坏强度不及飓风和地震，但是干旱灾害会带来农作物减产或绝收的生产风险，并且它的影响往往是大范围的，持续时间长，最终会对农业生产产生严重的破坏性影响。甚至在收获季节，干旱也可能使农民前期的劳动和投入化为乌有。因此，设计有效的风险管理政策是必要的。本部分从金融创新的角度来探索旱灾风险管理的路径。

7.2 天气指数保险

7.2.1 天气指数保险的国内外研究进展

天气指数保险是一种应对天气变化的保险品种，它是以天气指数为基础的保险品种。国外众多的学者对天气指数保险在农业中的应用进行了大量的实证研究。Martin 等（2001）发现在密西西比河的三角洲地区，降雨量指数保险能有效保护过量降雨对棉花生产和质量造成的损失。Turvey（2001）研究了美国安大略湖（Ontario）天气指数保险的定价问题，认为温度与降雨量指数保险合同能为一些作物提供产量损失保险。Richards 等（2004）发现天气指数保险能有效弥补加利福尼亚州弗雷斯诺市油桃生产者面临的生产风险。Deng 等（2007）提出了一种温度湿度指数保险产品，并考察了该产品是否能有效地防范由于热效应所造成的奶制品产量减少的风险。结果表明：即使是在保费高于保险精算的公平水平或购买者面临着空间和时间的基础风险情况下，温度湿度指数保险产品也能为中南部格鲁吉亚乳制品生产提供有效的风险管理。Chantarat 等（2007）简要概述了如何使用天气指数保险作为饥荒预防，列举了天气指数保险的潜在好处，并以肯尼亚北部的干旱地区为例进行了说明。

7.2.1.1 保险指数的基本特征

Skees 等（1997）指出天气指数保险的赔偿不像传统的保险，它不与农户的实际生产或损失直接相关，而是以天气的变动为基础，天气变量由气象站提供。从这种意义上看，天气指数保险与以区域为基础的保险产品，如美国联邦作物保险计划提供的团体保险（group risk plan，GRP）和团体收入保险（group risk income protection，GRIP）非常相似。Hess（2007）认为测量随机变量需要一些精确的指数，这些指数必须满足以下标准：①可观察的，容易测量的；②客观的；③透明的；④独立的、可检验的；⑤能及时报告的；⑥稳定的、持续的。

7.2.1.2 指数保险产品的优缺点

Prashad（2007）认为与传统的保险品种相比，指数保险产品有以下优点：

①长期稳定的方法；②克服了传统保险中的高监督与行政成本；③用客观的天气参数取代人们主观评价，具有强的透明度；④设计产品的科学方式；⑤保险支付简单化；⑥验证过程迅速化。

Hess（2007）认为与传统的团体保险或多作物保险相比，指数保险能够提供更为优越的风险保护，不对称信息问题在指数保险中能有效解决。这是因为对于指数的价值，生产者并不比保险公司拥有更多信息，并且单个的生产者也不能影响指数的价值。指数保险的这个特征意味着对免赔额条款和共同保险需求的降低①。另外，不像传统保险，对于单个购买者，指数保险在覆盖面的数量方面不需设置多的限制。只要个体农民不能影响指数的实现价值，就不需其他的限制条款。

Barnett和Mahul（2007）也归纳了天气指数保险的优点与不足：①保险合同相对简单，简化销售流程。②支付的赔偿仅基于基本指数的实现价值，而不必估计投保人的实际损失。③与传统的保险产品不同，不必根据投保人的风险类型进行分类。④投保人不比保险人具有更多的基本指数的信息，因而降低了逆向选择。此外，由于投保人不能影响基本天气指数的实现，降低了道德风险。⑤保险产品销售程序简单，亏损调整的步骤简化，不需根据投保人自己的风险进行分类，也不存在信息不对称。因此，与传统保险产品相比，天气指数保险经营成本相对较低；但是，天气指数保险的开办费可能相当可观。可靠的气象和农业生产数据、高度熟练的农业气象专门技术对于成功设计和定价天气指数保险产品都是至关重要的。⑥由于没有农场一级的风险评估或损失调整被要求，不具有广泛的农业技术专长的保险公司可以出售保险产品和提供服务。指数保险的一个重要局限性是投保人面临的基础风险（basic risk）。基础风险指的是指数和投保人所经历损失之间的相关性存在偏差。投保人面临着经历损失却没有得到保险指数赔偿的风险。同样，投保人也可能没有经历损失却获得保险补偿。潜在的基础风险来自两个方面：其一，损失可能是由疾病、虫害或任何天气变化以外的其他因素所致，而不是由天气变动指数所致。除非造成损失的主导原因是天气变化，否则基础风险将高得令人无法接受。

---

① 免赔额，即免赔的额度。指由保险人和被保险人事先约定，被保险人自行承担损失的一定比例、金额，损失额在规定数额之内，保险人不负责赔偿。保险人根据保险的条件作出赔付之前，被保险人先要自己承担的损失额度。因为免赔额能消除许多小额索赔，损失理赔费用就大为减少，从而可以降低保费。共同保险（co-insurance）又称"共保"，指两个或两个以上保险人共同承保同一标的的同一危险、同一保险事故，而且保险金额不超过保险标的的价值。

其二，决定指数水平的天气变量可能不是高度协调统一。因为农场或家庭的测量结果往往不同于气象站的测量结果。只有在天气变量是造成损失的主导原因，且天气变量的测量结果特别的一致时，基础风险才有可能降低。

7.2.2　国内外农业天气指数保险实施情况及经验

世界上第一例天气指数保险于1997年在美国推出，最初主要用于稳定大型能源公司由于气候变化引起的需求波动而带来的财务风险。后来世界银行把天气指数保险应用于农业，解决农业风险问题。发展中国家的首个农业天气指数保险产品于2002年在墨西哥实施，至今许多发展中国家已开始将天气指数保险引入农业保险市场，开发了针对多种天气的指数保险产品，如印度、墨西哥、马拉维、埃塞俄比亚和坦桑尼亚开办的干旱指数保险，孟加拉国与越南开办的洪水指数保险，以及蒙古2006年开办的大型牲畜巨灾指数保险等。目前世界上约有25个指数保险项目在发展中国家试点或进行可行性研究。表7-1①列出了已启动的一些指数保险项目，其中有的还在可行性研究阶段，有的已有几年的试点销售历史（陈盛伟，2010）。

表7-1　部分发展中国家指数风险产品汇总

国家	风险事件	合同结构	测量指数	目标用户	现状	资源
孟加拉国	干旱	贷款指数保险	降雨量	小户稻农	正在发展中	Barnett and Mahul，2007
埃塞俄比亚	干旱	指数保险	降雨量	世界粮食计划署在埃项目	2006年700万美元的保险；由于缺乏捐助者的支持，2007年没恢复	Skees et al.，2006；Syroka and Wilcox，2006
	干旱	指数保险	降雨量	小规模种粮农民	2006年试点；2008年私营保险公司实施销售	Barnett et al.，2008；Ethiopian Insurance Corporation，2008；Shew areged，2008

---

①　表7-1中的产品不全是保险产品，埃塞俄比亚的试点项目是天气衍生产品，墨西哥利用气象指数保险试验为巨灾进行债券融资。

国家	风险事件	合同结构	测量指数	目标用户	现状	资源
印度	干旱和洪涝	贷款指数保险；提供给农民	降雨量	小户农民	2003 年试点；现在指数保险产品由公司和政府；截至 2008 年 3 月，近 100 万的合同已售出	Manuamorn，2007；Ibarra and Syroka，2006
马拉维	干旱	贷款指数保险	降雨量	NASFAM 成员中种植花生和玉米的农民	2005 年开始试点；2006/2007 销售1710 份；收取保费 5238 美元	Alderman and Haque，2007；Leftley and Mapfumo，2006；MicroInsurance Agency，2008
墨西哥	自然灾害，主要是干旱	指数保险	降雨量，风速和温度	政府；支持 FONDEN 计划	2002 年在 32 个州中的 26 个试点；目前覆盖率 28%（230 万 hm²）	Agroasemex，2006a；Skees et al.，2006
	干旱影响畜牧业	指数保险	标准植被指数	家畜饲养者	2007 年实行，7 个州投保 91.3 万头牛，保险金额为 2250 万美元	Agroasemex，2006b
蒙古国	由恶劣天气致牲畜大批死亡	直接销售给牧民的指数保险	区划牲畜死亡率	游牧民	第三销售旺季的试点在 2008 年完成；提供 3 省；17% 符合条件的牧民参加；售出约 4000 份	Mahul and Skees，2006；Skees and Enkh-Amgalan，2002
摩洛哥	干旱	指数保险	降雨量	小农户	由于降雨量呈现减少的趋势，市场对该险种没有兴趣	Barnett and Mahul，2007；kees et al.，2001；Stoppa and Hess，2003
尼加拉瓜	干旱，雨水过多，湿度异常	指数保险	降雨量	种植花生的农民	2006 年实行	Barnett and Mahul，2007；Syroka，2007
坦桑尼亚	干旱	贷款指数保险	降雨量	种植玉米的小户农民	2007 年试点实施	Barnett and Mahul，2007；Swiss Re，2007

续表

国家	风险事件	合同结构	测量指数	目标用户	现状	资源
泰国	干旱	贷款指数保险	降雨量	种植玉米的小户农民	2007 年试点实施	Barnett and Mahul, 2007; Manuamorn, 2006
	洪涝	指数保险	河水位和降雨量	种植水稻的小户农民	建议	Manuamorn, 2006
越南	水稻收获季节的洪涝	贷款指数保险	河水位	国家农业银行, 小稻农	在发展中; 国家农业银行正在考虑业务保险合同	Skees et al., 2007

资料来源: Barnett and Skees, 2008 ①

人们一直认为小农户经营模式是导致传统农业保险失败的主要原因。然而，天气指数保险的一个显著优点是它适合销售给小农户，而不必去监控大型农场的损失。印度的经验也说明了小农户在天气指数保险中发现了价值。印度 2003 年发起天气指数保险计划，购买天气指数保险的 427 户农民仅有小到中等的种植面积，从 0.8~4 hm²，年收入在 15 000~30 000 卢比的农民，即日平均收入在 1~2 美元。目前，在印度购买天气指数保险的许多农民都是重复的购买者，他们的低收入状态没有阻止他们购买保险产品。许多农民愿意支付全额的天气保险，即使是享受政府农作物保险补贴的农民，也会选择购买市场定价的天气保险产品。印度在没有政府补贴支持下实施的天气指数保险是成功的。

近年来，我国也积极推进天气指数保险试点工作。例如，安徽国元农业水稻种植天气指数保险、陕西省的苹果气象指数保险与北京的蜂业气象指数保险等。2008 年 4 月，安徽国元农业保险公司正式与国际农业发展基金 (International Fund for Agriculture Development, IFAD)、世界粮食计划署 (World Food Programme, WFP) 和中国农业科学院农业环境与可持续发展研究所等机构合作，引进并消化国际上先进的天气指数农业保险的理论、方法和技术，结合我国国情研发适合我国小农户特点的天气指数农业保险产品，并选定安徽省长丰县与怀远县分别作为旱、涝灾产品的研发基地。2009 年启动的试点主要针对长丰县水稻种植的旱灾情况。据悉，该公司已与长丰县水湖镇颜湖村签订了 84.72 hm² 水稻种植天气指数保险承保合同，参

---

① 注: 此表由陈盛伟翻译，并进行了简化。详见: 陈盛伟, 农业气象指数保险在发展中国家的应用及在我国的探索. 保险研究, 2010, (3): 82-88。

加保险农户共计 482 户，保险金额 381 234 元①。

7.2.3　我国进行天气指数保险的必要性与可行性

鉴于传统农作物保险的失败及指数保险在国外的成功经验，我国可选择天气指数保险进行试验。虽然我国农业保险的发展还比较滞后，各种保险的相关技术与制度体系还不太健全与完善，但天气指数保险作为一种新的有效的农业风险管理工具是值得我们借鉴与学习的。当前，我国进行天气指数保险试验是非常必要的，并且已经具备了一定的可行性。

7.2.3.1　我国进行天气指数保险的必要性

1）传统农业保险的不足需要创新②

由于信息不对称及外部性，传统的农业保险不可避免地存在逆向选择、道德风险及核保理赔难等弊端；而天气指数保险使用客观的天气指数能有效规避逆向选择和道德风险。

2）对天气指数保险的市场需求巨大

我国是传统的农业大国，农业在国民经济中占有较大比重并发挥着重要作用。但同时，我国也是自然灾害频繁的国家，特别是受全球气候变暖的影响，各种与天气相关的自然灾害越演越烈。为保障农业生产的顺利进行与农民增收，应该选择合理有效的方式规避天气风险。在天气灾害风险保险市场，一方面存在规避天气风险的巨大需求；另一方面随着投资主体日益增多，存在大量的投资需求，因此在市场需求方面具备了现实可行性。

---

① http：//www. ah. xinhuanet. com/hfnews/2009-09-18/content_ 17734546. htm.
② 传统农业保险包括多重风险保险、个人产量保险及区域产量保险等几种形式。其中多重风险保险（multi-peril insurance）模式，即以一份保单保障涝灾、旱灾、冻害、风灾及病虫害等多项自然灾害风险。个人产量保险（individual yield insurance）是传统农业保险的主要方式，即依据每位被保险人的具体情况进行承保，通过勘察被保险人因灾造成的农作物产量损失进行赔付。区域产量保险（area yield insurance）划定区域内的农户所得到的保险赔付并不基于其实际损失，而是基于区域内农作物的平均亩产量与该农户实际平均亩产量之间的差距。这几种保险模式都各有利弊。

7.2.3.2 我国进行天气指数保险的可行性

1）技术支撑：气象监测预报技术与风险管理技术的大幅度提升

随着科技水平的提高，我国在气象监测与预报方面的技术也大幅度提升，准确率得到了很大提高。气象服务部门可以提供所需的技术和数据，积累的大量历史气象数据为天气指数的制定奠定了基础。另外，近些年来，我国在风险管理方面的技术也飞速发展，特别是承保能力及理赔核算技术的发展。

2）市场基础：我国金融市场逐步完善，国际合作交流市场逐步加强

从 2002 年开始，我国大连期货交易所（以下简称大商所）开始对天气产品进行研究①。国内金融市场的发展为天气保险的开发提供了便利，也为天气保险的风险进一步分散提供了平台。在国际上，各国政府部门及相关保险机构之间的合作与交流也日益加强，都在不断探索着更加科学与合理的天气指数保险形式。例如，大商所曾多次组织人员赴美国和日本等国考察国外天气衍生品市场；2006年大商所与 TFX② 联手，在信息、市场等领域开展合作，实现两所的信息共享，在新品种开发方面进行紧密合作，重点合作研发天气衍生产品，并相互协助开展市场推广和教育等项目（段然，2008）。

3）政策支持：农业保险补贴及再保险政策

我国实行政策性农业保险，并在不断进行创新。我国上海、安徽和北京等地都在推行农业气候指数保险试点。先行试点、逐步推广，是农业气候指数保险在全球推行的成功经验。政府在农业保险方面非常重视，并给予了大力支持，为天气指数保险的发展提供了坚实的后盾。同时，农业再保险制度的发展与完善也为

---

① 大连期货交易所 2002 年开始对天气产品进行研究，并与国家气象中心专业气象台签署了合作协议，从农业生产、人口数量及密度、电力及天然气消耗量等诸多角度选取近 70 个城市，深入分析这些城市近 30 年的温度变化特征及降水、霜冻情况，为天气期货合约设计提供可靠依据，并初步设计了天气衍生品种合约。

② TFX，即东京金融期货交易所，成立于 1989 年，2004 年 4 月 TFX 进行了公司制改革。目前 TFX 在欧洲日元期货上有很大的影响力。自建所以来，TFX 引进全球标准化的运营模式，成为日本最有创造力的交易所之一。

农业保险风险的分散提供了新的路径。

4）国外经验：国外天气指数产品的蓬勃发展

近年来，农业气象指数保险开展的地区和产品都在不断扩展。墨西哥在 2007 年有 120 万 hm² 土地纳入干旱保险范围，保费收入为 1700 万美元；印度在 2005～2006 年销售了 25 万张干旱指数保单，承保水稻和花生等主要农作物，保费收入为 2000 万美元；孟加拉国和越南的洪水指数保险、加勒比群岛的飓风指数保险等也在开展之中①。

5）人才储备：大量的保险与风险管理人才的培养与涌现

我国在金融市场多年的探索与发展过程中，培养和锻炼了大量理论与实践人才。他们不仅掌握金融衍生品的理论知识，还懂得实践操作技术和相关的法律法规，如费率的厘定、保险立法等。他们为我国天气衍生品及天气指数保险产品的推出提供了人才保障。

7.2.4 实施农业天气指数保险的步骤

农业是一个气候敏感的产业，在农业生产中，农作物产量与气候变动密切相关，如气温与降雨量的变动都将影响农作物的产量。天气指数保险就是利用这一特性，以天气指数（如降雨或气温）为基础来实施农业气候保险。设计指数保险产品的步骤如下：

第一步，查明一个地区的主要天气风险，对作物损失的原因进行分析。

第二步，将恶劣天气对农民收入的影响进行量化，找出天气风险与作物产出之间的关系。根据历史气象数据资料，找出天气灾害损失程度与某一种天气状况（如降雨或气温）或几种联合气候状况的具体相关关系，建立数量关系模型。

第三步，构建合同并为合同定价。保险合同建立在天气指数的基础之上，当受灾害性天气的影响，权威气象机构公布的实际天气指数超过承保合同约定指数时，保险合同将被激活，保险人就要根据实际指数大小和预定的赔付标准对被保

---

① http://www.china-insurance.com/news-center/newslist.asp？id＝117345.

险人给予赔付。

第四步，合同的实施，即产品推广的任务。产品推广活动与传统农业保险产品类似，如市场测试、起草保险政策、宣传、销售、收取保费、教育等。此外，天气指数保险的一个额外步骤就是确认法律和规章制度的执行情况。

天气指数保险的赔偿不像传统的保险，它不与农户的实际生产或损失直接相关，而是以天气的变动为基础，天气变量由气象站提供。因此，农业天气指数保险节省了传统农业保险管理和查勘理赔的大量工作，而且有效克服了道德风险与逆向选择问题（张汝根，2007）。

7.2.5 天气指数保险契约的设计

Prashad（2007）认为基于保险计划，开发和运行保险指数的步骤依次为：风险识别，风险识别包括农作物的农业经济特征或经济活动的本质的鉴定，详细分析天气影响农作物的产量或其他经济活动的方式；设定指数；支付效果的检验；定价；监管；验证。

7.2.5.1 天气指数的设计

天气指数保险以天气指数为基础进行赔偿，指数保险产品的潜在指数与农民的产量和收入密切相关。因此，制定适合的天气指数是非常重要的。

天气指数应该是可观察的、容易测量的，触发事件被明确定义；指数的测量是独立的、透明的、客观的、能证实的；指数与农民的产量和收入间的定量关系应经过长期的数据积累不断精确化；明确定义保险适用的地域范围，考虑一些边界地域的具体情况；精确衡量风险事件的发生概率。

7.2.5.2 天气指数保险保单结构

以农作物降雨量指数保险为例，说明简单的标准化保单的特征。

第一，动态或固定的起始日期。动态的日期模拟农户决定何时开始种植，也可以考虑固定的日期。

第二，一个或几个生长期间。这些期间由农作物的生长习性确定，并对该期间内降雨量的累积值进行测量。每个期间有一个触发值和一个退出值。

以干旱保险为例，触发值由农作物开始受旱的降水量的累积值确定，决定了什么时候开始给农户补偿，如当降雨量的累积值降到了触发值以下，农户将根据实际降雨量的累积值和触发值的差值，每单位得到预先设定的给付。退出值确定当农作物遭受损失时，农户将得到的最大给付，如当降雨量的累积值降到了退出值以下时将得到与保险金额等值的给付（若不考虑免赔额）。

第三，在每个期间内的给付率。当降雨量的累积值在触发值和退出值之间时，每单位差额的给付值（段然，2008）。

7.2.5.3 天气指数保险产品设计需要考虑的问题

在设计能分散农业风险的指数合同（如降雨量保险）时要特别强调以下几点。

第一，合同应该有一个相对简单和透明的结构。合同的购买者能非常清楚在什么时候，什么情况下合同将作出赔付，而不会被这些问题搞混淆。

第二，指数应该是容易观察和可测量的。此外，为了获得指数的分布规律，把握指数与被保险的实际风险之间的确切关系，需要有足够的历史观察数据。

第三，用指数计算赔偿，而不能用实际的损失计算赔偿，不可避免会产生一些基础风险。因此，为了在一定程度上最小化基础风险，需要仔细考虑各个指数变量。天气指数包括降雨量指数、温度指数、相对湿度指数或这几种指数的结合品种。设计该险种主要考虑的是降雨量、温度等指数与农作物的成长和产量密切关联度。同时还要确保投保人对损失的概率和数量不比保险公司拥有更多的信息。1988年，美国中西部一家保险公司提供了干旱指数保险。在销售接近尾声的时候，一些农民突然大大增加这些保险合同的购买。没有意识到农民已经预测到夏天会变得非常干旱，保险公司延长了销售的截止日期，销售了很多的降雨量保险合同。结果，保险公司遭受了很高的损失，不能满足所有合同的赔偿需求。美国的农业降雨量保险也遭遇了严重的挫折。从该案例得到教训，制定天气保险时，更多了解天气预测和农民可能得到的任何相关信息是非常关键的。天气指数保险的提供者必须最大限度地了解天气的预测信息。销售的截止日期必须提前于任何有可能改变损失概率的潜在预测信息。

第四，考虑到保险公司的传统会计实践，合同的参与者应该擅长于保险费率的厘定等技能。

第五，还要紧密结合区域的实际情况，考虑气象基础设施、承保对象、选择责任范围及试点推广等问题。为了调动农民的参保积极性，可以将保险与种植贷款相配套（陈晓峰和黄路，2010）。

7.2.5.4 天气指数保险产品设计示例：干旱保险[①]

天气指数保险根据现实天气指数和约定天气指数之间的偏差进行赔付，赔付标准是统一的。保险合同建立在这种指数的基础之上，当指数达到既定水平时，投保人就可以获得相应标准的赔偿（陈盛伟，2010）；而传统农业保险是以个别生产者所实现的产量作为保险赔付的标准。与传统农业保险相比，这种严格规范的赔付标准有效地解决了信息不对称问题，从而克服了逆向选择和道德风险问题。

以水稻干旱指数为例，干旱对水稻的产量有明显影响，干旱程度可以用降雨量来评估[②]。以下是一份拟定的应对干旱的水稻降雨量指数保险合同。

保险合同：干旱保险

保险标的：补偿在播种期间由于降水量不足而造成的产量损失

保险期间：4 月 15 日 ~ 7 月 30 日

保险责任：参考表 7-2[③]

表 7-2　水稻降雨量指数保险

每亩保额	每亩保费	保险阶段	第一触发点降雨量/mm	降雨量每减少1mm 的赔付额/元	第二触发点降雨量/mm	最高赔付额/（元/亩）
300 元	保额的4%，即12元	4 月 15 日 ~ 4 月 30 日	50	2	20	280
		5 月 1 日 ~ 5 月 20 日	100	3	50	150
		5 月 21 日 ~ 6 月 20 日	100	3	50	100
		6 月 20 日 ~ 7 月 30 日	60	2	30	150

此保险合同的保险期间为 4 月 15 日 ~ 7 月 30 日，根据水稻生长周期的特点及

---

① 在本部分的数据中，为了农户能更好地理解，并且与其他地方的数据进行对比分析，在面积单位的表示中采用了传统的亩作为单位，而没有采用国家标准中的法定计量单位公顷。

② http：//www. china-insurance. com/news-center/newslist. asp？id＝117345 ［2008-09-05］．

③ 表 7-2 借鉴印度 Mahboobnagar 地区出售的干旱指数保险合同，以此说明天气指数保险的合同规定。在发展中国家，印度天气指数保险的发展历史最长、品种最多、市场规模最大。

该地区降雨量与农作物产量之间的关联度，将保险期分为 4 个阶段，每一阶段对应不同标准的触发点与保险赔付金额。当某阶段总降雨量不足规定的第一触发值时开始给付。被保险人将根据实际降雨量与第一触发点降雨量之间的差额获得相应赔偿，如当第三阶段（5 月 21 日~6 月 20 日）累积降雨量比触发值少了 20mm，则每亩赔付 60 元；若实际降雨量低于第二触发点降雨量，即在每一阶段当降雨量低于一个既定的值时，如第一阶段（4 月 15 日~4 月 30 日）的 20 mm 时，被保险人将获得最高赔付。总给付是 4 个分阶段的给付总和。每一个阶段都有一个最高赔付额，不同天气变量保险合计总给付不超过保险金额。① 此种方法强调合同的保险方面，明确支付结构，因此非常适合于作物生产，因为降雨量不足导致的干旱会影响收获季节农作物的产量。例如，安徽省长丰县 2009 年推出的水稻干旱保险，该项目研制的赔付条件为：①5 月 15 日~8 月 31 日，降雨量低于 230mm，每少降 1mm，赔偿 1.2 元，每亩最高赔偿 150 元；②9 月 1 日~10 月 15 日，降雨量低于 15mm，每少降 1mm，赔偿 6.7 元，每亩最高赔偿 200 元；③7 月 30 日~8 月 15 日，累计高温差高于 8℃，每高 1℃赔偿 20 元，每亩最高赔偿 200 元。②

对于降雨量干旱指数保险合同，可以选定孝感的某一县市作为试点，确定试点方案。首先，选择合适的农作物品种作为试点品种，所选的作物最好是对干旱非常敏感的，且在当地具有一定种植规模的品种。其次，根据现有气象站的位置及所选作物的种植区域，初步确定试点地区。一般来说，气象站 20km 范围内区域的降雨情况大致相似，可以选择在该半径范围内的农民作为承保对象。再次，确定参保农户。参保农户也要设立一定的标准，如以往无贷款违约记录等。最后，确定保险责任，按照表 7-2 中设定的标准确立保险责任。

7.3　天气衍生品

7.3.1　天气衍生品的国内外研究进展

天气衍生品是一种金融工具，主要用来规避天气变化导致的风险。天气衍生

① 以上的保险金额、触发值以及各阶段分别简单采用了亩产收入均值和天气均值，未经过农业技术方面的严密验证，在此罗列只为更好说明天气指数保险的保单形式和定价方法。
② http://news.qq.com/a/20091130/001093.htm［2009-11-30］.

品的交易标的是与天气有关的指数，如降雨量指数、温度指数、降雪量指数等。天气衍生品的合约依据是气象部门所提供的降雨量及气温等客观数据，它降低了道理风险和逆向选择问题的发生，有利于农业生产者对天气风险进行风险转移和套期保值。Kadioglu 和 Gultekin（1999）认为温度条件在农业生产的某些方面有重要的影响，如虫害管理、种植日期和收获日期。为分散与化解极端天气事件的影响，与保险有关的金融工具，如天气衍生产品发展起来了。天气衍生产品自 1997 年在美国产生，在欧美已经有了 10 多年的历史，从场外交易（Over-the-counter，OTC）发展到交易所内正式交易的成熟产品，主要包括天气期货与天气期权，其形式有看涨、看跌与互换等。

国外研究主要围绕天气衍生品市场制度建设与产品定价两方面；而在定价问题上又主要分为指标设计与定价模型的讨论。

虽然天气衍生品的优点被越来越多的人重视，并且对它的使用也日益增多，其领域也在不断扩展；但至今还没有找到一种最为有效的定价方法。一种典型的定价方法布莱克–斯科尔斯模型（the Black-Scholes method）（以下简称 B-S 模型），相比其他的金融衍生品定价方法，它是目前衍生品定价领域中运用得最普遍、最成功的方法之一。然而，Campbell 和 Diebold（2005）等学者认为 B-S 模型不适用于天气衍生产品。与其他衍生品的基础产品不同，天气衍生品市场是一种非完全市场；天气衍生产品的衍生基础是天气指数，而天气指数本身不是商品，不能在市场上进行交易。另外，Davis（2001）、Zeng（2000）也指出天气衍生品使用预期贴现值的定价方法严重依赖于天气预报的质量。因此，传统金融衍生产品的非套利定价的 B-S 模型并不适用于天气衍生品的定价。

目前，大多数学者都认为，非完全市场模型既考虑了可以通过衍生品交易进行对冲的风险，也考虑了不能通过衍生品交易对冲的风险，所以非完全市场定价模型更适用于天气衍生品的定价。一些学者已经对非完全市场上天气衍生品定价问题进行了大量的研究，并提出了各种各样的定价模型。Davis（2001）用边际效用法研究了天气衍生品的定价问题。他假设高温差指数（HDD_S）和商品价格服从几何布朗运动，计算出了天气互换价格和天气期权价格的明确表达式。

Richards 等（2004）制定了特别适用于农业风险管理的天气衍生品的定价模型，通过计算一个具有代表性生产区域的制冷指数（CDD_S）的买入和卖出期权，研究了如何定价天气衍生品，并估计了一个典型作物与温度间的关系。

众多学者不断探索如何定价天气衍生品，并在理论分析及实证研究的基础上提出各种各样的定价模型，如 Cao 和 Wei（2004）的均衡定价模型。Cao 和 Wei（2004）提出的均衡定价模型是建立在欧拉方程和一个事实基础上，即金融市场和商品市场的均衡是明确的，即使总消费等于风险股票产生的红利。在这一事实基础上，他计算出随机贴现因子（stochastic discount factor），并用它定价天气衍生品。

近几年国内学者也渐渐开始关注天气衍生品，但研究还处于起步阶段，文献不多，且大多只是介绍国外的理论或先进做法，以定性分析居多，实证研究很少。陈靖（2004）设计了我国温度指数期货合约。李黎和张羽（2006）介绍了全球天气衍生品发展的产品和市场状况，认为天气衍生品是农业保险创新的产物，为农业生产者的风险转移提供了新途径。李乐（2007）以北京市电力销售量对天气变化的反应为研究对象，研究北京气温变化与其用电的关系，通过计量经济学方法求得了气温与电力的相关程度，并揭示了引入天气期货的必要性。张炳伟（2008）讨论了天气期货与天气期权的定价方法，并用时间序列分析方法模拟天气指标及预期收益，并根据上海市的气温数据进行实证研究。肖宏（2008）分析了天气衍生品对冲农业天气风险的两种机制，并阐述了天气衍生品的优势。

7.3.2 国外天气衍生品市场发展情况及经验

天气衍生品市场最早于 1997 年在美国产生，随着全球化趋势及金融市场的发展，天气衍生品在欧洲和亚太地区的一些发达国家也随即蔓延开来，一些发展中国家也正在尝试着推出天气衍生品的场内交易产品。例如，伦敦国际金融期货交易所和芬兰赫尔辛基交易所等都提供天气类衍生品。同时，天气衍生品也由最初的能源部门向农业、建筑业、保险业、旅游业、零售业娱乐和饮料业等其他部门扩展。交易品种也日益多元化，形式也涵盖了期货、期权及互换等。

7.3.3 天气衍生品在农业中的需求

天气衍生品正越来越受到人们的重视，应用的领域也在不断扩展，从最初的能源部门扩展到农业、零售业、建筑业和交通运输业等。根据天气风险管理协会

（Weather Risk Management Association，WRMA）的数据显示，天气衍生品的应用中能源部门占到72%，农业部门占到9%，零售业占到7%，建筑业占到7%，交通运输业占到5%。并且与天气有关的衍生品合同数量在2005年增加迅速，仅2005年第三季度CME的衍生品合同数量就增加了420万份（Changnon，2007）。在农业中，气温过冷或过热、降雨过多或过少，都会影响农作物收成。天气衍生品是一种创新，它在农业自然灾害的风险管理中应用金融工具的理念，被设计用于满足农民特殊的风险管理需求，为农户的风险转移提供了新的路径。农民购买天气衍生品的决定取决于预期损失和他们希望在风险事件中从政府收到补偿的期望。

我国是一个农业大国，农业人口占到全国总人口的七成，实现农民增收、构建和谐社会离不开农业经济持续稳定的发展。因此，开发天气衍生产品、探讨如何规避农业天气风险很有意义。我们要认真学习国外的经验，如美国农业保险公司以降雨量作为标的物来计算它的指数，与饲料、玉米等作物挂钩设计了一个衍生品种；墨西哥则用温度和降雨量这两个天气指数推出了一个与农作物保险相关的天气指数；加拿大农业金融服务公司也开发了一个类似的产品，以天气湿度为参考指标设计了一个保险项目。我国在设计天气衍生品合约时，在技术上要更多地体现出为农业服务，为建立农业风险管理体系提供技术支持，同时我国也要注重人才的培养，提高交易的科学性和可靠性。

7.3.4 天气衍生工具套期保值干旱灾害风险[①]

自然灾害（如旱灾和洪灾）会对农民收入产生负面影响，也会给承保的保险公司带来沉重的损失。面对自然灾害导致的损失，人们正在努力开发新的工具去套期保值这些损失。天气衍生品是套期保值的工具之一。天气衍生品是一种金融工具，它的价值取决于其他潜在变量的价值。它是风险管理的一种创新，可以降低风险规避中的交易成本，从而扩大可保风险的范围。既然天气情况与农业产出密切相关，那么天气情况本身也能够被套期保值。对于天气衍生品来说，潜在

---

① 在本节的数据中，为了农户能更好地理解，并且与其他地方的数据进行对比分析，在面积单位的表示中采用了传统的亩作为单位，而没有采用国家标准中的法定计量单位公顷。

变量是对天气的测量，如降雨量或降雪量水平、风速或温度等。

套期保值是指利用衍生品交易规避系统性风险的一种方式，通过在现货市场和期货市场对同一种类的商品同时进行数量相等但方向相反的买卖，使其互为消长，从而在现货市场与期货市场之间、近期和远期之间建立一种对冲机制，以使价格风险降低到最低限度。

天气衍生品市场分为场内交易与场外交易两种；就其形式来看，主要包括天气期货、天气期权和天气互换 3 种。天气衍生品正被越来越多的企业用来套期保值，以应对面临的天气风险事件。下面以一家提供农业保险的公司为例，说明在其运作中应用金融衍生品来规避风险并获得收益的实施方案①。

7.3.4.1　天气期货及其套期保值操作实例

期货合约是指由期货交易所统一制定的，规定在将来某一特定的时间和地点交割一定数量和质量实物商品或金融商品的标准化合约。天气期货本质上和其他期货的交易原理相同。在天气期货交易中，标的物并不是天气指数，而是基于该指数的货币价值。一般的投资者可以通过低买高卖或高卖低买的方式获取赢利。

例 1：保险公司利用天气期货套期保值

孝感地区一家保险公司，在进行 2010 年的财务预算时，公司预计 2010 年销售水稻干旱保险 300 万亩，每亩保费 15 元，共获得保费 4500 万元。然而该公司担心当年 6 月降雨量少，出现严重干旱，使赔偿增加，进而影响到公司的收益。

经过研究发现，该保险公司的收益与郑州商品交易所的降雨量指数（PDD_s）高度正相关，相关系数达到 0.8，即 PDD_s 每低于基线标准 1%，该公司的赔偿额增加，公司收益减少 0.8%。天气变动会给保险公司带来风险，为规避此风险，保险公司可利用 PDD_s 指数期货进行空头避险。

假设 2010 年 6 月的郑州 PDD_s 指数期货价格为 800 点，PDD_s 指数下降 1% 时，一笔 PDD_s 指数期货合约价值即下降 800 元（800×100×1%），而营业收入下降 0.8%，相当于收入减少 36 万元（4500 万×0.8%）。因此，要完全避险，保险公司于 2009 年 12 月应卖出 2010 年 6 月到期的郑州 PDD_s 指数期货合约 450 手

---

① 该方法借鉴刘海龙的方法。详见：刘海龙.2007.论天气衍生品在我国的开发与应用.成都：西南财经大学.

［（4500 万×0.8）/800×100］，其避险效果有以下两种情况。

情况 1：假设 2010 年 6 月降雨量减少，出现干旱，到了 2010 年 7 月 1 日，6 月份郑州 PDD_S 期货合约的结算价若为 600 点，保险公司因干旱赔偿，导致收益减少 900 万元 ［4500 万×0.8×（800-600）/800］。但是其在期货合约上可获利 900 万元 ［100×（800-600）×450］。可见，在期货市场上的盈利正好与收入的减少抵消。

情况 2：假设 2010 年 6 月降雨量增加，没有出现干旱，到了 2010 年 7 月 1 日，6 月份郑州 PDD_S 期货合约结算价若为 1000 点，保险公司营业收入增加 900 万 ［4500 万×0.8×（1000-800）/800］。但是其在期货合约上亏损 900 万 ［（1000-800）×100×450］。可见，经过天气期货市场上的套期保值操作，保险公司刚好盈亏相抵。

因此，保险公司通过 PDD_S 指数期货交易来套期保值，有效规避了因天气变动导致的风险，保证了公司收益的稳定性。

7.3.4.2　天气期货期权及其套期保值操作实例

期权又称为选择权，是在期货的基础上产生的一种衍生性金融工具。与期货交易的标的物是商品或期货合约不同，期权交易的标的物是一种商品或期货合约选择权的买卖权利。天气期权是一种期货期权，表示投资者在特定时间内以特定价格买卖一个天气指数期货合约的权利。

例 2：保险公司利用期货期权套期保值

2009 年 12 月，该保险公司买入 2010 年 6 月天气期权的卖权来进行套期保值，当时价位为 800 点，公司统计在此期间干旱保险销售额将达到 300 万亩。做好财务预算后，公司购买了例 1 中的天气期货的卖出期权 450 手，行权价格为 800 点，行权日为 2010 年 6 月 30 日。

利用期货期权进行套期保值操作后，该保险公司 2010 年 6 月的预期收入为 4500 万元，并有可能获得额外的收益，高于 4500 万元。分以下两种情况计算盈亏。

情况 1：2010 年 6 月降雨量减少，出现干旱，到了 7 月 1 日，6 月份郑州 PDD_S 期货合约报价为 600 点。这时该公司行使期权，以 800 的价格卖出 450 手期货，并以 600 的市场现价买回该期货进行平仓，从而通过行使期权盈利 900 万元 ［100×

（800-600)×450]。另一方面，因干旱赔偿，保险公司营业收入减少900万 [4500万×0.8×(800-600)/800]。可见，购买期权的盈利正好与收入的减少相抵消。

情况2：2010年6月降雨量增加，未出现干旱。到了7月1日，6月份郑州 PDD_S 期货合约报价为1000点，比该公司购买期权的行权价格要高，则该公司放弃行使期权，直到期权失效，期权买方最多损失所交的权利金[1]。另一方面，公司收入增加900万 [4500万×0.8×(1000-800)/800]。因此，公司实际收入为4500万+900万=6400万元，增加的900万元为利润所得。

因此，通过期货期权的套期保值操作，该保险公司有效规避了风险，甚至还有获利的可能性。

7.3.4.3　天气互换及其套期保值操作实例[2]

风险逆相关的双方为了交换风险而签订契约性协议时，互换就发生了。交换使双方的收入得以稳定，降低了双方的风险。互换是一种双方商定在一段时间内彼此相互交换不同金融工具的一系列现金流（支付款项或收入款项）的金融交易，主要有利率互换、货币互换、商品互换和气候互换等几种方式。

例3：保险公司与A公司的互换

降雨量减少导致的旱灾会增加保险公司的赔付，从而使其收益减少；但同时却使A公司的利润增加。为了有效规避降雨量减少而导致的收入波动风险，保险公司与A公司协商，达成2010年6月的降雨量风险互换协议。协议内容如下：如果2010年6月的 PDD_S 为800点，则达成协议的双方持平，互相都不支付；如果6月的 PDD_S 低于800点，则 PDD_S 每下降1点，A公司向保险公司支付5万元；如果6月的 PDD_S 高于800点，则 PDD_S 每上升1点，保险公司向A公司支付5万元。

签订这个互换协议后，保险公司2010年6月的收入就能保持相对稳定，为预计的销售收入4500万元，从而公司的收入不会因气温的变化而变化。下面分两种情况来计算盈亏。

情况1：2010年6月降雨量减少，出现干旱，6月份郑州 PDD_S 指数为600

---

① 不行权也有期权费损失，因为你买期权是获得一份权利，这份权利是要付钱的，即购买期权的权利金。如果期权是虚值，期权买方就不会行使期权，直到到期任期权失效。这样期权买方最多损失所交的权利金。

② 目前的互换业务只开展利率互换和货币互换业务，在此只是作一种设想。

点。因此，按照互换协议，保险公司将收到 A 公司支付的 1000 万元 ［（800-600)×5 万］。另一方面，由于少雨，保险公司赔偿增加，收入减少 900 万元 ［4500 万×0.8×(800-600)/800］。因此，互换的盈利正好与收入的减少抵消。

情况 2：2010 年 6 月降雨量增加，未出现干旱，6 月郑州 PDD$_S$ 指数达到了 1000 点。因此，按照互换协议，该保险公司应支付 A 公司 1000 万元 ［5 万× (1000-800)］。另一方面，降雨增加，赔付减少，该保险公司收益增加 900 万元 ［4500 万×0.8×(1000-800)/800］。因此，经过此互换操作，互换的损失与收入的增加正好抵消。

因此，该保险公司通过 PDD$_S$ 的互换协议来规避风险，从而减少损失，稳定收益。

7.3.5 最佳天气衍生品合同

市场上最普遍的天气衍生品合同是基于一个或多个气象站点的温度和降雨量。一份衍生品合同往往包括 7 个参数。

一是规定合同的类型。

二是气象标的物。它是指对农作物产量有影响的气象指标，如温度、降雨量、风速和日照时间等。在合同中可以是一个气象指标或者多个气象指标的组合。

三是指定的气象站点。这是获得气象数据的地方。原则上说，应该选择对保障对象影响最大的地点。

四是履约价格或触发点（strike)。在合同中事先规定的执行价格。

五是合同的期限。一般是一个生长季节，在农作物保险中，保险期限的长短与保险标的的特点密切相关，保障期间是选择天气对农作物影响最大的生长期间。

六是支付方式。明确定义支付的条件及最小报价单位①。

七是最大支付金额。即当指数达到某一点时，保险公司的最大赔付额。这些参数决定了天气衍生品合同的卖者对买者的支付水平（刘云琳，2006)。

对于天气衍生品合同来说，以下几点非常重要。

① 最小报价单位（tick size）是指证券交易时报价的最小单位，它规定了两个不同的价格下委托价格的最小距离。

首先，农民的收入和利润要与某一天气情况有紧密联系。Muller 和 Grandi（2000）认为，如果特别的天气情况事件对作物产量风险影响较大，那么天气衍生品在管理农业风险方面发挥重要角色。

其次，如果合同是短期的，那么天气衍生品是有效的。相反，如果合同是长期的，通过平均数的运用会产生额外价值被遗漏的风险，这个风险会随合同期限长度的增加而增加，从而极大降低了天气套期保值的有效性。

再次，天气衍生品的定价和赔偿概率应该被精确厘定，并尽力最小化基础风险（Turvey，2001）。

最后，如果天气衍生品合同能被执行，而且交易成本不是特别高，那么天气衍生品是有效的。

7.4 本 章 小 结

随着全球气候变暖加剧，与天气相关的灾难事件，如洪灾、旱灾及雷暴灾害等发生呈上升趋势，并且有可能愈演愈烈。如果不采取相应措施，农业在天气灾害面前会显得尤为脆弱。合适的风险管理方式能有效帮助农民应对天气灾难，减轻灾难损失。例如，天气指数保险和天气衍生品都能提供强有力的支持，缓冲人们可能遇到的风险损失。同时，这些风险产品的使用也能潜在提升政策决策者及普通民众的风险意识，促使人们主动采取措施应对风险而不是消极等待风险的发生。正如自然灾害保险的私人商业保险市场一样，衍生品市场也会受到政府计划的重视和支持，政府总会为自然灾害损失提供各种帮助。天气指数保险和天气衍生品市场会逐渐发展完善。

目前从世界范围来看，天气指数保险和天气衍生品是农业天气风险管理的主要工具。由于保险公司不承保非灾害性天气引起的农产品产量风险，天气衍生品正好弥补了这一空白，成为农业生产者规避农作物产量风险的有效工具；而保险公司承保灾害性天气风险过程中自身也面临着很大风险，也可以通过参与天气衍生品交易、通过资本市场分散和转移风险。因此，这两种风险管理方式具有极强的互补性。在我国，相关部门要结合我国气候的特点和各地作物生产的具体情况，设计一些有针对性的、实用的农业风险管理产品，为实现农民增收、减轻国家财政负担不断地尝试与努力。

8 构建我国农业旱灾风险管理体系的政策建议

从 2009 年河南、山东等华北地区大旱到 2010 年的西南 5 省（自治区）大旱，以及 2010 年 10 月份以来，我国华北、黄淮等地再次出现不同程度的旱情，其中山东是受灾最为严重的省份，全省气象干旱程度已达特大干旱等级，为 60 年一遇。旱灾发生的频率越来越快，破坏性程度也越来越严重。

不管在旱灾发生前还是旱灾发生后，政府的行为都在农业旱灾风险管理中扮演着重要角色。事前的教育和服务有利于帮助农民采取相应处置策略。例如，建设农业旱灾监测预警体系；加强农田水利基础设施的建设；推进旱灾保险制度；加快农业产业结构调整，发展旱作农业。旱灾风险冲击发生后，政府能够通过援助、补贴及构建基于利益相关者的干旱灾害安全网等方式帮助减轻旱灾的影响。

8.1 建设农业旱灾监测预警体系

日益频发的旱灾进一步凸显建立农业旱灾监测预警体系的必要性和迫切性，我国政府高度重视，并做出了有益的尝试[①]。旱灾预警体系是在已经暴露或潜伏的旱灾风险因素基础上，以干旱预测为依据，通过一系列专门的指标进行检测、分析，进而做出综合的评价与结论，确定旱灾程度，制作发布旱灾演变的信息警报，提出相应的监管措施体系。旱灾预警是进行干旱监测、预测预警、灾害评估

---

① 2004 年 8 月，中国气象局统一发布的台风、暴雨、高温、寒潮、大雾、沙尘暴、大风、冰雹等 11 种突发气象公众预警标准和信号中，没有包括干旱预警。这是因为，干旱具有风险的不确定性和缓慢发展（历时数月或数年）的特点，它往往从局部小灾逐步演变为大范围重灾，但很少直接造成结构物的破坏和人员伤亡。2005 年 1 月 26 日，国务院常务会议审议通过的《国家突发公共事件总体应急预案》，已将干旱纳入各级政府突发公共事件应急工作。所以，提高干旱气候监测和预测预警水平，降低干旱气候影响、增强抵御干旱灾害能力，是当前气象、农牧业、水利、环保和科研部门最为紧迫的任务，中国气象局已将干旱监测预警纳入到日常安全气象服务业务。2004 年，国家气候中心和中国干旱气象网站，分别发布全国逐日和旬干旱综合监测公报。

及预警应急响应的重要依据。

8.1.1　建设农业旱灾预警体系的原则

建立一个信息全面、结果可靠、功能完善的农业旱灾预警体系，主要应该遵循以下几个原则。

（1）可操作性原则。系统应尽可能地操作简单、维护简单、使用方便，无论是统计还是计算都应具备可操作性。

（2）灵敏性原则。预警体系所设计的指标灵敏度要高，能准确、及时地发出指示信号。预警指标要选择关系密切的、重要的、所起作用权重大的那些指标，不是所有相关指标一概纳入预警指标。

（3）稳定性与动态性统一的原则。为了满足有效预警的需要，一方面预警指标体系应该相对稳定，频繁的变动会给实际操作带来困难；另一方面预警指标也要及时更新，预警监测的容量也需要及时扩大。

（4）可靠性原则。为保证计算结果的可靠性，需要对所有原始数据进行必要的质量控制。

（5）安全性原则。根据业务需要，给予不同用户不同级别的操作权限；系统要充分保证操作系统、数据库与应用软件3层安全保证措施，确保数据的安全性（方锋等，2010）。

8.1.2　农业旱灾预警体系的功能和作用

农业旱灾预警体系是对所研究区域的旱灾发生及发展规律进行分析和研究。它为有关管理部门实施水利调度及制定防旱抗旱措施提供了重要的决策依据。旱灾预警体系的功能主要表现在以下几个方面。

一是根据各类指标情况，对全年逐时段进行区域水资源供需平衡计算，重点分析农作物的缺水状况；在干旱预警期内对各项干旱预警单项指标进行动态监测和计算；将所监测的干旱预警单项指标值与相应的阈值进行比较，确定对应的等级；对干旱事件进行实时识别和可能的旱灾损失估算；进行风险评价，计算干旱预警综合指标和干旱风险水平，发布干旱信息；跟踪干旱全过程，记录干旱发展全过程（薛丽等，2007）。

二是对旱情有关风险指标及综合风险趋势进行动态监测和分析，及时发现风险隐患，并向有关部门发出预警信号。

三是帮助监管者合理分配监管资源，确定当期监管工作重点，提高监管工作的效率和效果，为监管部门提前采取适当的监管措施提供客观和充分的决策依据。

四是对旱情的严重程度和发展趋势进行早期预测，防范和化解旱灾风险，使各相关主体在受到干旱灾害威胁之前，有充足的时间采取适当的措施尽量降低干旱灾害给人民生活、工业及农业生产带来的损害，保护最容易受到危害的环境，达到对旱灾风险进行管理的目的。

建立农业旱灾预警机制是防范和控制风险的有效手段。只有对旱灾风险进行早期预警，监管部门才能及时采取预防措施，将风险控制在可以接受的水平之内，防止风险进一步发展和蔓延。若不及时采取措施，旱情的风险状况会进一步恶化。

8.1.3　农业旱灾预警体系建设的内容

我国旱灾预警系统主要由旱灾预警指挥、旱灾监测与预测预警、信息网络、预警科研、综合服务五大系统构成，如图 8-1 所示[①]。2011 年的中央 1 号文件在提高防汛抗旱应急能力方面也进行了部署。我国应尽快健全防汛抗旱统一指挥、分级负责、部门协作、反应迅速、协调有序、运转高效的应急管理机制。加强监测预警能力建设，加大投入，整合资源，提高雨情、汛情、旱情预报水平。建立专业化与社会化相结合的应急抢险救援队伍，着力推进县乡两级防汛抗旱服务组织建设，健全应急抢险物资储备体系，完善应急预案。建设一批规模合理、标准适度的抗旱应急水源工程，建立应对特大干旱和突发水安全事件的水源储备制度。加强人工增雨（雪）作业示范区建设，科学开发利用空中云水资源[②]。

---

① 根据徐启运等（2005）关于干旱监测预警理论得出的结构图。
② http：//www.ce.cn/cysc/agriculture/gdxw/201101/30/t20110130_ 20780961. shtml［2011-01-30］.

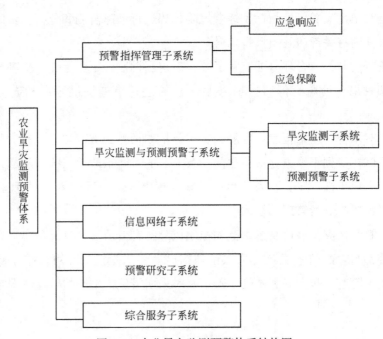

图 8-1   农业旱灾监测预警体系结构图

8.2   构建基于利益相关者的干旱灾害安全网

伴随全球变暖加剧，各种气象灾害频发，如旱灾、水灾、风暴灾害等。其中旱灾是制约世界粮食稳定增产的主要障碍之一，旱灾问题也是政府间气候变化专门委员会所关注的热点之一，对干旱灾害的管理也被提到议事日程。目前，大多数国家在干旱灾害管理方面侧重应急反应与灾后恢复的危机管理，而不是预防性、计划性的风险管理。

我国是一个干旱灾害明显的国度，特别是干旱持续时间长、范围广、旱情重等给农业生产造成很大影响。我国传统的干旱灾害管理倾向于灾后恢复与重建的危机管理。近年来，干旱在我国不断发生，其发生频率越来越高，旱灾的破坏程度越演越烈。我国对综合风险管理的重视程度不断加大，综合风险管理机构的级别也不断提高①。在此背景下，预防性的风险管理被越来越多的学者所重视。从经济学意义上看，干旱灾害管理防大于治。为了改善我国旱灾管理现状，一种从被动抗旱向主动科学防旱，从应急抗旱向常规和长期抗旱转变的防旱减灾新理念正在逐步形成。

8.2.1 干旱灾害管理：从危机管理到风险管理的变迁

8.2.1.1 从危机管理到风险管理变迁的必要性

长期以来，我国采用危机管理的旱灾管理方式。这种管理方式的不足之处主要表现在：灾害风险管理意识不强；管理主体为政府，其他利益相关者的作用没有得到充分的发挥；对灾害的管理以灾后治理为主；管理部门分散，缺乏统一的协调沟通（张继权等，2006）。总之，我国传统的干旱灾害管理基本上处于被动抗旱的局面，即在旱灾发生后才开始着手研究和采取临时应急措施来减轻旱灾的影响。这种管理办法虽然能起到一定的抗旱减灾作用，但是由于缺少事先必要的准备，没有预先制定有针对性的对策和计划，许多措施不能有效实行，无法立即进行人力和物力的调配，也无法对可能的旱灾影响进行评价。

相比之下，旱灾风险管理是一种对干旱进行科学管理的模式，它主要包括对干旱期水资源的管理、干旱早期预警、制定和实施干旱预案等内容（顾颖，2006）。旱灾风险管理强调在灾害发生前着手进行预防、缓解、计划和早期预警，将可能出现的干旱灾害消灭在萌芽或成长的状态，尽量减少干旱灾害发生的概率。对于无法避免的干旱灾害，能预先提出控制措施，有充分的准备来处理灾害以减轻损失。旱灾风险管理可以达到主动防旱，减少旱灾损失的作用。总之，从"危机管理"到"风险管理"是现代化干旱灾害管理发展的必然趋势，也是全球各国正在积极探索的一条新的路径，对减少旱灾损失，抗旱保粮，维护世界粮食安全具有重要的意义。

---

① 在联合国"国际减灾十年（1990~2000年）"的号召下，我国于1989年成立了"中国国际减灾十年委员会"，标志着我国减灾工作由单一灾种被动的预报救援重建到多灾种主动的综合风险管理的过渡。2000年"国际减灾十年"结束，"中国国际减灾十年委员会"更名为"中国国际减灾委员会"。2005年4月2日，"中国国际减灾委员会"更名为"国家减灾委员会"，国务院副总理回良玉任主任，相关各部部长任副主任。

8.2.1.2　干旱灾害危机管理与风险管理的对比分析

危机管理与风险管理日益成为当今干旱灾害管理的热门话题，两者之间的区别，如图 8-2 所示，干旱灾害危机管理集中于灾害发生时的应急管理或灾后的恢复与重建，而干旱灾害风险管理则贯穿于灾害发生发展的全过程，包括准备、预测、减轻和早期警报、回应、恢复等循环进程。减轻干旱影响需要灾害管理循环图中各个部分的配合使用，而不仅仅是循环图中某个部分的管理。从危机管理到风险管理的转变需要做好灾前的防范、灾中的有效管理与灾后的恢复与重建等工作。对于政府而言，如何将风险管理纳入干旱灾害管理体系中，建立一个综合的、系统的干旱灾害安全网，不断提升政府和社会的干旱灾害管理能力是当今干旱灾害管理的最大挑战。

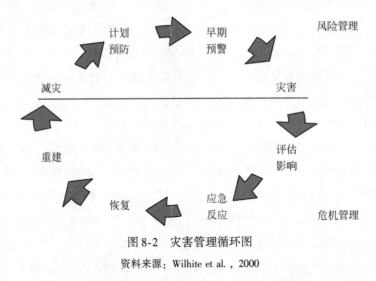

图 8-2　灾害管理循环图

资料来源：Wilhite et al. ，2000

通过表 8-1 的进一步比较，我们还可以看出：干旱灾害危机管理与风险管理在关注重点、关注内容、管理部门、运作特征及制度框架等方面都有较大不同。

表 8-1　干旱灾害危机管理与风险管理对比情况

比较内容	危机管理	风险管理
关注重点	重点关注致灾因子和灾害事件本身	重点关注脆弱性和风险因素
关注内容	侧重灾害发生之后的恢复与重建	侧重危害发生之前的预防与预警
管理部门	单个部门或不同部门的分散管理	多个部门的协调、共同管理

续表

比较内容	危机管理	风险管理
运作特征	短暂性、应急性的管理过程	系统性、持续性的管理过程
制度框架	以正规制度为主	正规制度与非正规制度的有机结合
信息管理系统	单一信息渠道	多种信息渠道，流动快、协调性好
管理理念	被动抗旱，立足眼前、局部	主动防旱，立足长远、全局

8.2.2 基于利益相关者的干旱灾害安全网的构建

8.2.2.1 我国当前的干旱灾害管理制度框架

我国当前的干旱灾害管理制度框架具有以下几个方面的特点：第一，零散、缺乏系统性。干旱灾害管理的活动散布于由不同政府部门实施的项目之中。第二，逆向发展，即脆弱性越高、越贫困的地区，干旱灾害管理能力越弱。第三，缺乏私人部门的参与，在干旱灾害期间或之后，私人部门在许多正规或非正规方式中对减灾起着重要作用，然而他们不参与干旱灾害管理决策的任何过程。第四，缺少专业技术或制度的持续性。干旱灾害管理的领导与决策来自相关行政部门，对灾害管理的专业技术知识有限；另外，人员的流动也会使政策的持续性受到影响。表 8-2 归纳了我国干旱灾害管理主要政府部门及相关机构，由此可以看出我国干旱灾害管理制度的利弊。

表 8-2 干旱灾害管理主要政府部门及相关机构

机构类型	相关职责	主要优势	主要劣势
气象部门	干旱天气预测减灾	在专业知识、硬件等方面有一定技术优势	干旱往往发生缓慢、持续时间长，难以准确预测
水利部门	防汛抗旱、水资源利用管理	储备水资源、有效灌溉，能预防和缓解干旱	面对大面积严重干旱，往往是杯水车薪
民政部门	干旱灾害救济	是国家实行灾害救济等社会保障的主导机构	大多为事后措施，缺乏事前准备与预防
农业部门	拟定农业和农村经济发展战略，组织农业资源区划	是指导国家农业和农村经济发展的主导机构	宏观管理，缺乏具体运作

续表

机构类型	相关职责	主要优势	主要劣势
信用社	提供储蓄与贷款服务	有一定的信贷资金	信贷内容单一、贷款手续繁杂、贷款难
商业保险公司	提供农业灾害保险	政策性农业保险的有益补充	农业保险风险大、费率高、需求不足

8.2.2.2　基于利益相关者的干旱灾害安全网的构建：一个建议框架

伴随着管理理念从危机管理到风险管理的变迁，政府部门也要相应提高干旱应急反应能力，主要包括制度能力、监控能力、信息流动与协调能力、决策能力等。此外，各种公益性社团组织、基金会、慈善组织、新闻媒体、法律服务机构、非政府组织及国际性金融机构等利益相关者也都应联合起来，发挥各自的网络资源、组织优势，以及联结政府与民间的中介功能并密切配合，组建一个综合性的干旱灾害安全网。

干旱灾害安全网是指由正规制度和非正规制度构成，具有灾前防范和化解旱灾风险，灾后应付旱灾风险冲击功能的制度、保险、救助和服务的综合体系。在 Khan 和 Rahman（2007）灾害管理框架的基础上，结合我国的实际，笔者提出了基于利益相关者的干旱灾害安全网管理框架（图 8-3）。

图 8-3　基于利益相关者的干旱灾害安全网管理框架

资料来源：Khan and Rahman, 2007

　　基于利益相关者的干旱灾害安全网管理框架是一个综合性的、全局性的、系统性的体系，各个部门密切联系，职责明确，其最终目的是加强防旱抗灾的能力。其中，中央政府负责总体的防旱抗灾指导与监测，各级地方政府紧密配合，积极响应中央的指导；旱灾风险评估委员会利用自己的专业知识做出精确的旱灾评估报告；旱情监测委员会发挥自身专业技术优势进行旱情监控；学术研究机构对防旱减灾也起着积极作用，如旱灾风险建模与分析、农作物抗旱品种的研发等；捐赠者提供一定的物质和资金援助；新闻媒体对信息的传导与协调等发挥着不可替代的作用；一些非政府组织，如公民顾问委员会等对旱灾的关注与建议也极为重要；另外一些私人部门（如农民、保险公司等）可能是旱灾的受害者，他们自身的努力对防旱减灾，降低旱灾损失也起着一定的作用①。所有这些公共部门和私人部门紧密配合，发挥正规制度和非正规制度各自的优势，对全方位的防旱抗灾起着至关重要的作用，这也是危机管理到风险管理理念转变的有利前提条件。

　　干旱灾害安全网方法还只是理论上的一种设想，要真正转变为现实还需要一个长期的过程。这种基于利益相关者的干旱灾害安全网管理方法的成功实施对发展中国家的抗旱保粮具有重要的意义。在实施该方法的过程中还应注意以下几个问题。

　　第一，在备灾、抗灾和灾后重建过程中要认真做好各个部门之间的沟通与协调工作，使得从全国到地方，干旱灾害管理的计划与活动能较好的协调与整合。特别是发挥互联网信息网络的功能，建立一个信息沟通平台，及时沟通与传递信息。

　　第二，干旱灾害管理能力的提高得益于各个部门技术知识水平的提高，如运用地理信息系统（geographic infermation system，GIS）。在灾害易发区，GIS 是一种有效的规划工具，它对灾害的管理与减轻能发挥重要的作用。同时，资源管理、经济管理与土地利用规划等方面知识的综合使用对有效的预防和减灾也起着重要作用。在利益相关者参与的前提下提高各个部门旱灾风险监测与评估水平，包括评估旱灾的地理范围、强度与概率、脆弱性分析、旱灾影响评价、旱情监测与预警等。

---

　　① 2004 年经民政部批准，我国第一个专门进行风险研究的社团组织——中国灾害防御协会风险分析专业委员会成立，并于同年 11 月在北京师范大学召开了第一次年会。

第三，加强干旱知识普及与提高公众干旱意识，以团队合作的方式对框架中每一部分的成员，特别是媒体、非政府组织及私人部门等进行大规模的抗旱减灾知识学习与培训，通过教育培训等建立抗旱文化、培育公众干旱意识，确保旱情信息的及时传达，建立具有很强旱灾适应力和恢复力的社会。

第四，关于制度建设和投入。构建和发展应对干旱灾害的社会安全网需要进行系统的制度化建设，应重视正规制度与非正规制度的结合。正规制度注重合理、长期正常运转；非正规制度着眼于重视整合社会资源。通过倡导、表彰、资助等途径发挥家庭、社区的互助功能和文化道德作用。

干旱灾害安全网提供的旱灾风险管理框架是一个综合的干旱灾害管理体系，对转变抗旱工作理念、加强干旱灾害管理体制、明确干旱灾害管理职能和提高干旱灾害管理水平有较好的借鉴意义。

8.3 加强农田水利基础设施建设

旱灾发生的频率越来越快，频繁且大范围旱灾暴露出我国农田水利基础设施建设存在很大问题，凸显我国当前农村基础设施"缺位"。我国工业化及城镇化步伐的进一步迈进，对水资源的需求会日益增加，我国水利面临的形势将更加严峻。在此背景下，加强农田水利基础设施建设，增强防灾减灾能力显得尤为重要。加强农田水利基础设施建设对防旱救灾与确保粮食安全具有重要的意义。我国早在北宋时期，政府就通过立法加强农田水利的建设①。新中国成立后，我国也加强了农田水利基础设施建设。2011 年中共中央 1 号文件《中共中央国务院关于加快水利改革发展的决定》于 2011 年 1 月 29 号公布，这是新中国成立以来中共中央首次系统部署水利改革发展全面工作的决定，首次关注水利，明确大幅增加水利基础建设投入，提出水关系到国家安全②。虽然我国在农田水利基础设

---

① 1068 年宋神宗在位期间，由王安石主持新变法工作，其中的一项法令为农田水利法。此法令规定各地兴修水利工程，用工的材料由当地居民每户等高下分派。只要是靠民力不能兴修的，其不足部分可向政府贷款，取息一分，如一州一县不能胜任的，可联合若干州县共同负责。此法令在颁布之后的 7 个年头里，当时全国兴修的水利工程达 1 万多处，灌溉民田 36 多万 hm²。

② 2011 年中央 1 号文件系统阐述了新形势下水利的战略地位；水利改革发展的指导思想、目标任务和基本原则；突出加强农田水利等薄弱环节建设；全面加快水利基础设施建设；建立水利投入稳定增长机制；实行最严格的水资源管理制度；不断创新水利发展体制机制；切实加强对水利工作的领导。

施建设方面取得了一定的成就，但还存在以下一些问题。

第一，工程设备老化，年久失修。我国当前农田水利基础设施覆盖面不足，农田水利化程度比较低；现有农田水利设施老化失修，功能严重衰退。据水利部2009年统计，全国55%的耕地没有灌溉条件，现有的$1.22\times10^8\,hm^2$耕地中，尚有$6.39\times10^7\,hm^2$是没有灌溉条件的"望天田"。已建成的$5.78\times10^7\,hm^2$灌溉耕地，灌溉水利用率只有46%。由于相当一部分工程是在20世纪70年代末建设完成，建设标准低，配套不合理，年久失修，设备普遍老化，水利设施不堪重负；大型灌区工程设施的完好率不足50%，中小型灌区工程设施的完好率不足40%。由于水利设施跟不上，我国有一半以上的农田得不到有效灌溉，仍然"靠天吃饭"（姚润丰和任芳，2010）。

第二，资金投入严重不足。虽然各级财政对农村水利基础设施建设的投入每年均有所增加，但与其他国家相比，或与历史同期比，我国在农田水利基础设施的建设中投资太少。我国，水利基础设施建设滞后于经济发展水平，甚至在有些地方，水利建设投入在财政支出中所占的比例有所下降。更为严重的是，有限的资金也没有得到充分的使用，我国在资金的使用方面存在一些问题，如资金使用分散造成严重浪费；部门间缺乏有效的沟通协调机制导致重复立项，破坏了总体规划布局和资金的集中使用。一部分水库和灌溉系统由于缺乏资金投入而荒废。另外，单户农民也无力修整河塘与灌溉系统，因此，这些年久失修的水库和河塘最终成为臭水沟或干涸。

第三，忧患意识缺乏，对其重要性认识不足。多年的风调雨顺掩盖了农田水利基础设施的薄弱现状。一些干部思想麻痹，疏忽长远，甚至某些县（市）没有完整的农田水利建设规划，没有将加强农田水利基础设施建设纳入重要议事日程。大部分农户对机井、水渠、提灌站等灌溉设施也有所忽视，在生产中，只重视了良种、肥料、地膜等速效措施，不肯下大力气、花大本钱搞见效慢的水利建设。农田水利基础设施被毁的现象也较为严重。

农田水利基础设施建设滞后的原因是多方面的，既有思想观念的，也有制度性的，还有政策法规等因素。归纳起来，主要有以下几点。

第一，国家投入政策重大轻小，地方政府配套资金不到位。国家对水利设施过分注重大江大河治理①。水利资金多安排给大中型水库，主要用于大坝整修，干渠、支渠维修较少。在国家资金投入不足的情况下，地方配套资金的问题也是水利基础设施建设的瓶颈。一些地方政府对水库只是利用，几乎没有进行过修缮，造成这些水库长期超负荷运转。此外，有很多地方拿不出配套资金，甚至出现了上级补助资金越多，半拉子工程越多的怪圈，严重影响了水利基础设施建设的进度。

第二，制度缺失导致许多农田水利设施年久失修。由于农田水利建设管理制度的缺乏及农田水利设施产权关系不明确，我国的水利工程出现有人用、无人管的局面。中国人民大学农业与农村发展学院郑风田教授曾指出，农业基础设施建设新的投入机制一直没有建立起来。全国农民兴修农田水利的投工量，1998 年超过 100 亿个工日，2003 年减少到 47 亿个，2004 年不到 30 亿个，即使每个工日只按 10 元计算，今后我国每年仅农田水利建设投入的缺口都要超过 700 亿元，而如果按照最低工资标准折算，则至少 5 倍于此②。旧的"两工"③ 制度取消，而新的投入机制迟迟未建立，导致两者之间存在大的缺口，最终造成工程年久失修乃至报废。

第三，农田水利基础设施的公共性使农民不愿意进行水利投资。农田水利基础设施在使用上具有公共产品的非竞争性和非排他性特征。非竞争性导致投资成本和维护成本相对较高，单个农户不可能完成；而低的边际成本又会助长农户"搭便车"的心理。使用上的非排他性又会制约农户修缮和改进农田水利基础设施建设的动力和积极性，并且当前农民种粮的比较效益低下，非农业收入在农户家庭收入中所占比重逐渐提高，进一步影响了农民进行水利投资的积极性。

第四，小型农田水利建设主体责任不明晰，群众兴修水利积极性不高。农村税费改革和取消"两工"后，农田水利基本建设责任不清，行为主体严重缺位。

---

　　① 1998～2003 年国家对水利投入重点主要是大江大河的堤防建设，2004 年以后国家对水利的投入重点转为病险水库的除险加固、大型灌区干渠的节水改造和大型泵站的更新改造。而对于基层群众要求迫切的农村小型水利设施建设却一直没有较大投入。按水利部统计数据，1980～2008 年农田水利投入只占水利基本建设平均比重的 6%，全国农田水利基础设施建设严重滞后。

　　② http：//dz. jjckb. cn/www/pages/webpage2009/html/2010-07/23/content_ 14548. htm？ div＝-1.

　　③ "两工"即农村义务工和劳动积累工。农村义务工，主要用于防汛、义务植树、公路建勤、修缮校舍等。按标准工日计算，每个农村劳动力每年应承担 5～10 个义务工；劳动积累工，主要用于本村的农田水利基本建设和植树造林，并主要安排在农闲时间出工。按标准工日计算，每个农村劳动力每年应承担 10～20 个劳动积累工。

在政府与农民之间，有人认为修水利的责任主体是农民，政府只能是引导鼓励；有人认为修水利的责任主体是政府，这导致农民不愿出工，政府投入也不多。在中央和地方之间，中央认为财政投入该由地方负责；地方则认为中央财政应该承担更多的责任。职责不明确致使多数小型水利设施长期无人管理，年久失修（刘洪先，2010）。

针对我国农田水利基础设施建设的问题及原因，笔者提出以下的政策建议。

8.3.1　采取有效措施，提高人民群众兴修水利的积极性

积极引导和鼓励农民利用农闲时间，对田间沟渠进行深挖和清理，修复部分损毁的农田水利设施，努力做到排水通畅，为下一步排涝做好准备。引导农民加强田间管理，提高农田防旱抗旱能力。认真组织农田水利建设工作的"一事一议"[①]讨论会议，强化农民的主人翁意识（刘宏志和王文河，2009）。2011年的中央1号文件也强调，要广泛吸引社会资金投资水利。鼓励符合条件的地方政府融资平台公司通过直接、间接融资方式，拓宽水利投融资渠道，吸引社会资金参与水利建设。鼓励农民自力更生、艰苦奋斗，在统一规划基础上，按照多筹多补、多干多补原则，加大"一事一议"财政奖补力度，充分调动农民兴修农田水利的积极性。结合增值税改革和立法进程，完善农村水电增值税政策。完善水利工程耕地占用税政策。积极稳妥地推进经营性水利项目进行市场融资。

8.3.2　增加政府财政资金的投入，加强小型农田水利建设

大中型水利工程往往工程投资大，建设周期长。因此要重视发展投资少、见效快的小水库和池塘。小型农田水利工程项目具有"当年建设当年受益""一次投入多年受益"等特点，且分布广、数量多，能够在较短时间提高救灾抗灾能力。财政部门要建立小型农田水利设施建设补助专项资金，对农民兴修小型农田

---

① "一事一议"，是指在农村税费改革这项系统工程中，取消了乡统筹和改革村提留后，原来由乡统筹和村提留中开支的"农田水利基本建设、道路修建、植树造林、农业综合开发有关的土地治理项目和村民认为需要兴办的集体生产生活等其他公益事业项目"所需资金，不再固定向农民收取，采取"一事一议"的筹集办法。

水利设施给予补助，并逐步增加资金规模；每年按本级收入比例投放水利基础设施建设资金，加强水库、沟渠、机电井及配套设施建设，逐步建立农田水利建设资金稳定增长的机制（倪文进和严家适，2007）。2011年的中央1号文件中强调指出，发挥政府在水利建设中的主导作用，将水利作为公共财政投入的重点领域。各级财政对水利投入的总量和增幅要有明显提高。进一步提高水利建设资金在国家固定资产投资中的比重。大幅度增加中央和地方财政专项水利资金。从土地出让收益中提取10%用于农田水利建设，充分发挥新增建设用地土地有偿使用费等土地整治资金的综合效益。加快推进小型农田水利重点县建设，优先安排产粮大县，加强灌区末级渠系建设和田间工程配套，促进旱涝保收高标准农田建设。因地制宜兴建中小型水利设施，支持山丘区小水窖、小水池、小塘坝、小泵站、小水渠等"五小水利"工程建设，重点向革命老区、民族地区、边疆地区、贫困地区倾斜。大力发展节水灌溉，推广渠道防渗、管道输水、喷灌滴灌等技术，扩大节水、抗旱设备补贴范围。

8.3.3 加快推进农田水利建设管理制度改革

在加大政府公共财政投入农田水利建设的同时，还应探讨和深化水利工程经营管理体制改革，想方设法调动群众和投资者、经营者的积极性，构建水利设施长效管护机制。一是按照"谁投资、谁受益、谁所有"的原则，推进小型农田水利设施产权制度改革，明确小型农田水利设施的所有权，落实管护责任主体；对现有的农村小型基础设施实行市场化管理和商业化运作，通过产权拍卖、租赁等，加强建后管护，激活资产存量。二是建立专业管理和农民自主管理相结合的管理体制。大中型农田水利工程由政府设立专管机构，实行专业管理；小型农田水利工程由农户自主管理。在此方面，法国的农水体制经验值得我们借鉴①。三是不断完善基层农田水利管理和服务体系。对农业机械的供应、维护与技术指导等方面要建立专门的服务组织。2011年中央1号文件着重提出加快水利工程建设

---

① 法国《水法》明确规定"水是国家共同资产的一部分"，政府承担水资源的管理职责。灌溉工程的基础建设投资分为两部：一部分是流域蓄水工程和输水工程（包括水库与输水渠道、地下管道），由国家、地方政府和投资机构负担；另一部分是田间工程（包括水池、喷、滴灌系统设备等），由农场主投资，国家给予20%～30%的补贴。

和管理体制改革。要区分水利工程性质，分类推进改革，健全良性运行机制。深化国有水利工程管理体制改革，落实好公益性、准公益性水利工程管理单位的基本支出和维修养护经费。中央财政对中西部地区、贫困地区公益性工程维修养护经费给予补助。妥善解决水利工程管理单位分流人员的社会保障问题。深化小型水利工程产权制度改革，明确所有权和使用权，落实管护主体和责任，对公益性小型水利工程管护经费给予补助，探索社会化和专业化的多种水利工程管理模式。对非经营性政府投资项目，加快推行代建制。充分发挥市场机制在水利工程建设和运行中的作用，引导经营性水利工程积极走向市场，完善法人治理结构，实现自主经营、自负盈亏①。

8.3.4　规范农田水利建设项目管理和资金使用

一要加强项目管理，明确投资方向，确保专款专用，在"严"字上下工夫，加强对项目的组织领导，不得随意变更项目的建设地点、建设内容和建设规模。二要强化资金管理，在"专"字上下工夫。小农水项目实行国库集中支付，项目资金使用实行县级财政报账制。各县市必须设专户专账、专人专管，按工程进展拨付工程款，严禁截留、挤占或挪作他用，确保试点项目资金专款专用。对于项目受益区农民自筹资金也要设专账、实行专管；对于农民筹资、投工投劳情况，都要实行全过程公开的民主管理，接受群众监督，确保资金安全和使用效率。有关部门要做好监督管理工作，严格专款专用。2011 年中央 1 号文件强调要进一步完善水利建设基金政策，延长征收年限，拓宽来源渠道，增加收入规模。完善水资源有偿使用制度，合理调整水资源费征收标准，扩大征收范围，严格征收、使用和管理。有重点防洪任务和水资源严重短缺的城市要从城市建设维护税中划出一定比例用于城市防洪排涝和水源工程建设。切实加强水利投资项目和资金监督管理①。

---

① http://www.ce.cn/cysc/agriculture/gdxw/201101/30/t20110130_ 20780961. shtml.

8.4 完善农业保险体系，增强旱灾风险防御能力

从 2009 年河南、山东等华北地区大旱到 2010 年的西南 5 省（自治区、直辖市）大旱，旱灾发生的频率越来越快，损失越来越严重。这也再一次暴露出农业保险的"缺位"。

由于旱灾对农业的影响较大，且一旦发生，受灾面积广、持续时间长、损失程度深，不少保险公司对开发此类险种和产品有很大顾虑。如果按商业费率来厘定保费，农民无法承受；而如果保费过低，商业保险公司则无法经营。同时，也必然会涉及多层次风险分散机制的问题。由于这些原因，我国的农业保险（包括政策性农业保险）并没有将旱灾列入保险责任范围，这是旱灾面前农业保险集体"缺位"的重要原因。同时，还有一些因素制约着农业保险进一步开发：农业保险还处于试点阶段，农民的投保意识还不强；财政对农业保险的补贴有限，农民深感买不起；风险分散机制的缺失让保险公司担心赔不起（庹国柱，2008；李毅利，2009）。我国农业保险的不足主要表现在以下几个方面。

第一，保险覆盖面有限。根据现行政策，并不是所有的省份都能得到中央财政的农业保险保费补贴，只有粮食主产区的省份能直接享受此待遇，其他省份需要提出申请并保证配套资金，中央财政才给补贴。由于地方财力悬殊，支持农业保险的政策大都缺乏长效机制，补了"一阵子"，却难保"一辈子"。政策引擎乏力，农民就不愿投保，保险公司的积极性也不高，并且种植业保险险种只限于四大粮食作物和养殖业两类。

第二，巨灾风险保险体系不健全。在我国，各省份的"巨灾基金"大都自筹自用，基金有限。一旦发生如西南旱灾这样的大面积绝收，省内的巨灾基金就杯水车薪。从国外农业保险发展的经验来看，旱灾完全是可保风险，关键是制度设计的问题。从国际社会的经验来看，对于巨灾风险的管理一般借助巨灾保险的方式。例如，风险管理水平比较先进的美国，将巨灾保险与其他一些农业支持计划相捆绑，规定只有参加"巨灾风险保障机制"才能享受农业福利计划，由此实行强制性的农业巨灾保险；欧洲的多数国家以农户自愿参保为主要方式，由私营保险机构覆盖大部分农作物和牲畜的农业保险，政府对农业保险实行低费率高补贴政策；日本农业保险采取的是强制保险与自愿保险相结合的方式，只要农作

物耕种面积达到预定规模，种植人即被强制参加农业保险，但是大部分保费由政府承担。遇到巨灾时，政府承担80%～100%的保险赔款（史丽媛，2010）。我国相应的巨灾保险开发程度很低，农业巨灾保险制度尚处缺位，专门针对自然灾害的保险险种不多。除了中国保监会允许投保人以附加险的方式投保地震险之外，海啸、台风及冰雪等自然灾害一般不予承保。因此，每次灾害过后，保险公司受到的冲击较小[①]。巨灾保险是指利用保险机制预防和分散巨灾风险，并提供灾后损失补充的制度安排。如果我国能建立起农业巨灾保险体系，便可利用有限的财政资金带动更多的社会资金来共同承担巨灾风险，形成多层次的巨灾风险分担机制。因此，我国需要尽快建立政府支持下的巨灾保险制度及巨灾风险分散机制，让自然灾害造成的经济损失通过市场来弥补。完善的农业巨灾保险体系，虽然不能立刻解除受灾地区的旱情，但是能最大限度地减轻受灾地区民众的经济损失，避免灾民的生活质量进一步恶化。因此，再次呼吁我国巨灾保险体系能够尽早建立。

　　第三，农业保险立法进展缓慢[②]。我国农业保险立法工作进展缓慢，许多问题都需要通过立法加以明确，如政府对农业保险保费补贴范围、比例和运作办法，农业保险税费减免政策，农业保险的经营模式和组织体系，以及参与农业保险各方的职责与义务等问题（曲哲涵，2010）。

8.4.1　建立和推行旱灾保险制度

　　2009年《中华人民共和国抗旱条例》提出建立旱灾保险制度，表明国家越来越重视保险机制在化解和分散自然灾害风险方面的重要作用[③]。首都经贸大学金融系教授庹国柱认为，在目前条件还不成熟的情况下，可以以特约责任的方式，将旱灾责任与政策性农业保险相挂钩。从长远来看，可以将旱灾逐渐纳入到

---

　　① 2008年中国南方雪灾，直接经济损失1516.5亿元，保险赔付仅占2.3%；四川"5·12"大地震带来了超过8451亿元的经济损失，但由于地震灾区保险覆盖率低，保险赔付仅18.06亿元人民币，只占0.2%。
　　② 2007年1月，《农业保险条例》就已经被列入国务院2007年立法计划，由保监会负责起草，但至今仍未出台。
　　③ 2009年2月26日，国务院总理温家宝签署国务院令，公布了《中华人民共和国抗旱条例》（以下简称《条例》），自公布之日起施行。《条例》明确表示，国家鼓励在易旱地区逐步建立和推行旱灾保险制度。

政策性农业保险承保责任当中，使之逐步完善，形成类似于"一切险"的保险机制。在赔款制度设计上，可以参照国外的做法，将灾后评估和收获后评估结合起来，以产量计，用前几年平均亩产作基数，设定起赔比例，差多少就赔多少。不论是何种方式，关键是要加快建立财政支持的农业巨灾风险分散机制。只有这样，政策性农业保险制度才能有更加完善的基础（仝春建，2009）。

8.4.2　完善农业保险法律体系和政府监管能力

国际农业保险的实践经验表明农业保险离不开政府的支持和推动，而我国还未制定专门的农业保险法律法规，也没有专门的农业保险管理条例①。农业保险法律法规建设的缺位导致政策性农业保险的经营主体、组织推动、准备金积累等方面缺乏明确的制度安排，严重影响了农业保险的规范化发展。因此，我国要借鉴国外农业保险立法经验，尽快制定农业保险相关法律法规，明确界定政策性农业保险的保障范围、组织形式、财政补贴方式及农业保险再保险机制等，为农业保险市场的良性发展营造一个好的法制环境，提高政府对农业保险市场的监管力度。

8.4.3　成立政策性农业保险机构，构建多渠道农业保险体系

农业保险市场信息不对称带来高的经营成本，商业保险公司经营农业保险的积极性不高，从而导致农业保险产品供给不足。农业保险风险大、成本高，没有政府的财政补贴很难维持下去。国外先进的经验也证明，成立政策性保险公司能够有效解决农业保险供需比平衡的问题。因此，必须改革我国农业保险经营主体的组织形式，把农业保险业务从商业性保险中分离出来，成立政策性的农业保险公司。同时，建立经营主体多元化的农业保险组织，由保险公司、地方政府，以及农业、民政、水利等部门组成联合体，大力发展多种形式的农业保险组织，如专业性农业保险、农业相互保险、政策性农业保险、外资或合资保险等多种形式

---

① 美国的《农作物保险法》规定了农业部风险管理局负责调查风险、厘定保险费率、明确补贴额度，并评估政府补贴的效果，对保险效果开展监督。

的公司，以尽快形成我国农业保险经营新模式（成福云，2002）。

8.4.4 建立农业旱灾风险基金

农业生产中的旱灾风险属于不可保风险，无论是政策性保险机构还是商业保险公司都不能单独承担。发达国家大都设立农业巨灾风险基金来应对农业巨灾风险，一旦大的自然灾害出现，由国家农业巨灾风险基金赔付，不足部分由国家财政负责；也可以借助资本市场，发行巨灾债券。旱灾风险基金的来源主要包括：中央及地方政府的财政补贴、农业保险、再保险公司筹集的资金和社会各界的捐赠等。

8.5 合理调整农业结构，积极发展旱作农业

在一些易干旱而又缺少灌溉的地区，通过农业结构的调整，提高防旱抗旱能力，以提高农业生产水平。

8.5.1 土地利用结构调整

协调好各种用地之间的比例关系，如直接生产用地（耕地、牧地、林地等），间接生产用地（道路、渠道等）和非生产用地（沙漠、冰川、沼泽地等）的面积各占土地总面积的比重；农业内部的农、林、牧、渔用地分别占土地总面积的比重等。搞好生态建设，增加林草面积，因地制宜地营造好防风固沙林、水土保持林、农田防护林，发展抗旱的经济林。

8.5.2 种植业结构调整

在种植结构调整、种植面积落实的工作上下工夫。引导受灾的农民在不同区域挖掘资源潜力，合理调整种植结构，扩大高产优质粮食作物种植。积极扩种旱地作物，增加豆类、油料、粗粮的生产，如建设喜温耐旱的花生生产基地和谷子、三小作物（小杂粮、小油料、小绿豆）基地。

要根据不同作物的受灾程度，科学规划农业生产。受灾较轻的小春作物，要采取措施，尽量减少损失；受灾特别严重的，要及时改种。要依靠科技力量改变种植结构和模式，力争做到小春损失大春补、粮食损失经济作物补、种植业损失养殖业补、农业损失非农补，努力实现农业稳定发展、农民持续增收。

8.5.3　土壤结构调整

土壤保水能力差也是干旱形成的一个重要原因。土壤结构影响土壤中水、气、热及养分的保持和移动，也直接影响植物根系的生长发育。改善土壤结构要根据不同土壤存在的结构问题，采取增施有机肥料、合理耕作、轮作、灌溉排水等措施。要注重增加有机质投入，改善土壤结构，尽量减少农药、化肥用量，创造出结构好、无污染的土壤环境，为建设无污染绿色食品生产基地打下基础。土肥苗壮，抗旱能力才会增强。

8.5.4　技术结构调整

要学习运用新作物、新品种、新树种、新畜种、新草种相配套的新技术，形成一个适于干旱地区可持续发展的农业生态技术体系，确保农业结构调整成功（刘萃文和邓林君，2003）。开发抗旱减灾实用技术和产品，利用农村信息化网络等现代信息技术手段开展抗旱减灾咨询和科技服务；成立由农、林、水、气等领域专家组成的抗旱减灾专家组，作好旱情诊断、抗旱减灾应对技术指导及决策咨询服务；依托国家科技计划推广先进的节水技术，发展节水农业和生态农业；加强对抗旱减灾水源合理调配、应急水源建设使用及作物抗旱的科技服务；加大科技投入，支持推广成熟技术，开展应急技术开发，为一线抗旱工作提供持续有效的科技支撑。

8.6　保护和改善生态环境，构建人与自然的和谐社会

近年来，极端天气事件呈现增多趋势，生态环境问题已经对人类的生存和发展构成了现实威胁。西南地区遭受特大旱灾，既是"天灾"，由于降水过少造

成；也是"人祸"，人类活动对大自然的影响，以及人们对生态环境的改变与破坏也是这次旱灾形成的重要因素。例如，大量砍伐原始生态林造成水土流失，大量排污造成江河污染，毁林毁草、开荒种粮等，都在一定程度上破坏了生态环境的平衡，破坏了人与自然的和谐。

这次大旱，让我们看到了在保护生态环境方面的许多不足，警示了我们应该做出深刻的反思，加大保护和改善生态环境的力度。我们必须重视保护生态环境，必须尽可能地保护原始森林，尽可能地植树造林、种花种草，尽可能地维持生态系统的良性循环（张光义，2010）。

8.6.1 加强生态建设和环境保护

保护和改善生态环境，首先，要建设生态保障体系。加强植树造林，提高绿化率，增加森林碳汇，构建绿色屏障，提高空气质量。加强主要污染源治理，发展循环、清洁、安全生产，培育生态型产业，形成示范区生态保障体系。

其次，要强化生态环保措施。强化环境与发展综合决策，实行严格的生态环保绩效考核、执法责任制和责任追究制。将环保投入作为各级财政支出的重点并逐年增加。健全环境监管体制，提高监管能力，加大环保执法力度。实施排放总量控制、排放许可和环境影响评价制度。落实清洁生产审核、环境标识和环境认证制度，严格执行强制淘汰和限期治理制度。实行环境质量公告和企业环保信息公开制度，鼓励社会公众参与和监督。建立社会化、多元化投融资机制，加快发展环保产业。按照"谁开发谁保护、谁受益谁补偿"的原则，建立生态补偿长效机制。

最后，还要保护水资源，保护河流，加强水资源生态建设与保护。推进水生态保护和建设从事后治理向事前保护转变，从工程措施为主向生态修复为主转变，从源头上遏制水生态恶化趋势。加强水土流失综合防治，推进水土保持工程建设。加强水资源规划和统一管理。统筹生产、生活、生态用水，加强上下游、地表地下水调配，控制地下水开采。实行用水总量控制和定额管理制度。健全流域管理和区域管理相结合的水资源管理体制，强化河流、湖泊及库区等重点水资源区域的联合管护。大力发展低耗水产业。推广农业节水灌溉，加强节水灌溉示范工程建设，推进灌区节水改造。开展丘陵、山区雨水集蓄利用，发展旱作节水农业。推广节水新技术、新工艺、新设备，加大工业用水回收处理和重复利用设施投入，扩大再生水使用范围，建立节约用水机制。实行居民生活用水阶梯型水价和非居民用水超计划、超定额加价收费制度。建设一批城镇供水及管网改造工程，提高供水能力，降低管网漏失率。积极推动公共建筑、生活小区和住宅节水，大力开展节水宣传，创建节水型城市。

8.6.2　大力发展循环经济和低碳技术

把发展循环经济和低碳技术作为发展绿色经济的重要途径，加快形成节约能源资源、保护生态环境和适应气候变化的产业结构、增长方式和消费模式。

（1）建立循环低碳型生产模式。以减量化、再利用、资源化为核心，推进重点行业、企业和产业园区循环经济和低碳产业试点。支持企业发展循环式、低碳式生产，创建一批清洁、循环、低碳生产示范企业。积极培育低碳制造、低碳技术及产品产业化、电子信息等产业，探索低碳能源、交通和产业发展新模式。加快发展资源综合利用和节能环保型产业，推进热电联产、新型建材及住宅产业化、废弃物综合利用等重大项目建设。大力发展循环农业，推进循环农业示范园区建设。

（2）大力推动绿色消费。制定政府部门绿色采购政策，发挥社会引导作用。推行绿色产品标准体系，建立生产者责任延伸制度和工业废弃物处理认证制度。发展城市绿色交通、照明、生活能源等系统，推广使用电动汽车。实施绿色建筑示范工程。广泛开展"绿色单位"和"绿色家庭"创建活动，建设循环型、低碳型示范城区和示范社区。转变消费方式，抑制过度包装，限制一次性用品生产和使用，倡导节约、简朴、绿色的生活方式和消费模式。

（3）强化循环经济和低碳技术发展措施。制订循环经济和低碳产业专项发展规划，推进重点产业示范工程。推行节能、节水和再生资源回收利用技术开发和应用试点示范。建立再生资源回收利用体系，发展资源再利用产业。积极推广应用低碳能源技术，大力支持风能、太阳能等新能源产业开发。建立循环经济和低碳评价指标体系及评估机制，完善政策支持和技术支撑。建立循环经济和低碳发展专项资金，推进重点项目建设和关键领域发展。

8.6.3　加大节能减排工作力度

把节能减排作为推进"两型"社会建设的重要抓手，积极探索节能减排新机制，加大执行力度和考核力度，确保全面实现节能减排目标。

8.6.3.1　建立节能减排市场化机制

积极推广清洁能源、合同能源管理等市场化节能新机制。实施差别化能源价格制度，完善绿色电价机制。探索环境容量有偿使用和排污权交易机制，按照补偿治理成本的原则，发挥价格、税收、财政、金融等经济杠杆的作用，建立反映污染治理成本的排污价格收费机制，全面实施和完善城镇污水处理和生活垃圾处理收费政策，逐步提高排污收费标准。

8.6.3.2　完善市场准入和退出机制

严把项目节能审查和环评关口，提高节能环保准入门槛，禁止高耗能、高污染企业进入。建立高耗能、高耗材、高耗水的落后工艺、技术和设备强制淘汰制度，加快淘汰落后产能，加强城市污水专项治理，从源头控制能源消耗和环境污染。

8.6.3.3　强化节能减排工作推进机制

建立完善节能减排监测考核体系，落实节能减排问责制和一票否决制。坚持政府引导、企业为主，加大节能减排资金投入，支持重点节能减排项目建设。鼓励和引导金融机构加强节能减排信贷支持。大力推进政府机关节能工作。全面推广应用建筑节能材料。加强电力需求侧管理，积极开展电力用户节能改造和电能效率评价。推进垃圾分类收集处理和城乡清洁工程，积极发展垃圾焚烧发电。

8.7　本 章 小 结

政府在防旱抗灾工作中起着非常重要的作用。在前面章节分析的基础上，本章从几个方面阐述了政府防御农业旱灾的对策建议。主要包括：建设农业旱灾监测预警体系；构建基于利益相关者的干旱灾害安全网；加强农田水利基础设施的建设；推进旱灾保险制度；加快农业产业结构调整，发展旱作农业；保护和改善生态环境，构建人与自然的和谐社会。本章着重阐述了基于利益相关者的干旱灾害安全网的构建。我国长期以来实施的是旱灾危机管理，这种方式侧重于灾后的恢复与重建；而旱灾风险管理则包括准备、预测、早期预警、回应、恢复等灾害发生发展的全过程。从危机管理到风险管理的转变是现代化干旱管理发展的必然趋势，对减少旱灾损失，抗旱保粮，维护世界粮食安全具有重要的意义。伴随着管理理念的变迁，政府部门及各类非政府组织等利益相关者也应联合起来，发挥各自的优势并密切配合，组建一个综合性的干旱灾害安全网。干旱灾害安全网的构建对转变抗旱工作理念、加强干旱灾害管理体制、明确干旱灾害管理职能和提高干旱灾害管理水平有较好的借鉴意义。

同时，借鉴与学习发达国家在农业旱灾风险管理中的经验也是非常必要的，美国、加拿大和西班牙等国家政府都各自有好的方法。例如，美国联邦政府和不同的私人保险公司共同组成的联邦作物保险计划提供多种产量和收入保险产品；并且美国政府也提供了一个再保险机制。加拿大政府 2003 年修订了农业风险管理计划。新农业政策框架下的商业风险管理由两部分组成：生产保险和收入稳定化。在加拿大，省级政府最终对保险计划负责，但计划的制订、传达和服务是由联邦政府和省级政府共同完成的。加拿大将生产保险提供给 100 多种不同的作物，还涵盖了牲畜损失的保险。另外，除了政府的有效管理外，借助市场支持和收入转移计划也是不错的选择。

9 总结与展望

9.1 本书总结

受全球气候变暖的影响，各种自然灾害频发，其中干旱灾害对农业生产的影响位居首位。并且在过去 20 多年里，旱灾造成的损失或干旱的严重性明显增加了。干旱影响在很大程度上取决于干旱发生时社会的脆弱性，干旱灾害是旱灾风险和社会脆弱性相互作用的结果。旱灾损失暴露出许多自然资源和经济部门对干旱的持续脆弱性。从脆弱性的视角来分析农业旱灾风险，寻求化解农业旱灾风险的政策措施是一项艰巨的工程。

本书在回顾大量国内外关于农业旱灾脆弱性研究文献的基础上，首先对农业旱灾脆弱性生成与演变规律进行阐述；然后以孝感市为研究领域，基于层次分析法对农业旱灾脆弱性进行模糊综合评价；在此基础上分析农业旱灾脆弱性动态变化成因。最后，本书从农户视角、金融产品创新视角及政府视角探索旱灾风险管理的对策措施。总结起来，本书的研究工作主要有以下几方面。

（1）全面梳理了农业旱灾脆弱性的理论文献。包括对旱灾脆弱性的理解、旱灾脆弱性的影响因素、旱灾脆弱性指数的选择、旱灾脆弱性评估及降低农业旱灾脆弱性的措施。

（2）介绍了我国干旱灾害概况、特点及影响。利用西南五省样本数据，实证检验了干旱灾害与粮食安全的关系。农业干旱灾害对粮食安全具有明显的影响。在全球气候变暖背景下，应加强农田水利基础设施建设；选育耐旱作物品种，提高作物干旱忍耐力；调整粮食生产布局，在高旱灾频率地区，减少高耗水作物生产等。以此提高抵御干旱灾害风险的能力，确保我国粮食安全。

（3）深入剖析了农业旱灾脆弱性生成与演变规律。农业旱灾脆弱性的特殊生成机制包括微观、中观与宏观 3 个方面。农户、农业保险公司和政府三大微观主体自身的因素会影响到旱灾脆弱性的形成与发展。我国特定的旱灾风险管理与保险制度、农业灾害补偿制度及农业保险补贴制度等的不健全是影响我国农业旱灾脆弱性的中观制度因素。气候环境、市场、法律等宏观因素也是造成我国农业旱灾脆弱性的重要原因。旱灾是旱灾脆弱性累积的最终结果和表现。农业旱灾脆弱性到干旱灾害的演化机制：一是气候条件变化等内在生成机制；二是信息不对称、地区经济结构调整及农业保险制度变迁等外在冲击机制。

（4）构建孝感农业旱灾脆弱性评价指标体系，运用基于层次分析法的模糊综合评价模型评价孝感农业旱灾脆弱性。研究结果表明：孝感市农业旱灾脆弱性存在明显的差异性，7个县市中大悟的旱灾脆弱性程度最高，是旱灾风险管理的重点区域；影响农业旱灾脆弱性的因素涵盖经济、社会与政治3个方面。

（5）针对研究区农业旱灾脆弱性的动态变化，运用主成分分析方法进行实证研究，分析各影响因素对旱灾脆弱性的相关关系与影响程度的大小。

（6）设计调查问卷，通过Logistic回归模型对孝感农户干旱保险的支付意愿及其影响因素进行了实证分析。从农户自身特征的角度出发，揭示农户的旱灾脆弱性程度、对农业干旱指数保险的认知程度及支付意愿。

（7）借鉴国外农业天气风险管理的经验，从金融产品创新视角探索旱灾风险管理路径。天气指数保险和天气衍生品是农业天气风险管理的主要工具。在介绍国外农业天气指数保险与天气衍生品的实施情况与经验的基础上，阐述了我国设计天气指数保险与天气衍生品的必要性与可行性，最后设计了干旱指数保险及运用天气衍生工具套期保值干旱灾害风险。

（8）基于政府视角阐述防御农业旱灾的政策建议。主要包括：建设农业旱灾监测预警体系；构建基于利益相关者的干旱灾害安全网；加强农田水利基础设施的建设；推进旱灾保险制度；加快农业产业结构调整，发展旱作农业。其中，重点阐述了基于利益相关者的干旱灾害安全网。干旱灾害安全网的构建对转变抗旱工作理念、加强干旱灾害管理体制、明确干旱灾害管理职能和提高干旱灾害管理水平有较好的借鉴意义。

9.2 基本结论与政策含义

9.2.1 基本结论

9.2.1.1 在干旱强度一定的情况下，农业旱灾灾情及其影响与农业旱灾脆弱性程度一致

旱灾脆弱性与旱灾是原因与结果的关系。旱灾是当旱灾脆弱性累积到一定程度的结果。旱灾脆弱性会随着风险的产生和累积不断上升，当外界或内部某一因素冲突对其造成激烈冲击时，便发生体系的崩溃，因旱致灾。

农业旱灾脆弱性不仅是农业体系特点决定的内在属性，更是农业体系外在风险积聚状态的反映。农业旱灾脆弱性的特殊生成机制包括微观、中观和宏观 3 个方面的因素。微观主体主要包括农户、农业保险公司和政府三者。从中观视角来看，我国特定的旱灾风险管理与保险制度、农业灾害补偿制度、农业保险补贴制度等的不健全是影响我国农业旱灾脆弱性的中观制度因素。在农业旱灾脆弱性生成的宏观环境方面，气候环境变化、农业保险市场不健全、人类不适当的经济活动、社会行为与管理方式，以及法律体系的欠缺和监管不力都是造成我国农业旱灾脆弱性的重要原因。

在干旱强度一定的情况下，农业旱灾与农业旱灾脆弱性程度变动方向一致。即在干旱强度一定的情况下，农业旱灾脆弱性程度越高，越容易因旱致灾，且受灾比例越高，灾害带来的损失越大。本书第 4 章的以孝感市为研究领域，构建孝感市农业旱灾脆弱性评价指标体系和评价模型，对孝感市农业旱灾脆弱性进行评价，研究结果表明孝感市农业干旱灾害脆弱性程度存在明显的差异性，7 个县市中大悟的旱灾脆弱性程度最高。现实中，该区呈现北旱多于南旱且重于南旱的旱灾地域性特征，大悟发生旱灾的频率及破坏性程度都明显高于孝感其他县市（区），这与研究结论是一致的。

9.2.1.2 农业旱灾脆弱性水平受经济、社会及政治制度等多重因素的影响

本书第 4 章与第 5 章分别从空间与时间两个维度对农业旱灾脆弱性的影响因

素进行了实证研究。研究表明：从经济的角度来看，金融资源拥有量、对农业部门的依赖度及农村基础设施体系是影响农业旱灾脆弱性的主要因素；财富的缺乏是农民脆弱的根本。健康状况、受教育程度及性别平等程度是影响农民社会脆弱性的主要指标。政府是旱灾风险管理的主导者，如何适应社会经济结构发展要求，寻求降低旱灾脆弱性的策略是政府的职责。政府的投入力度对缓解脆弱性、增强抗旱能力具有重要的意义。一方面是政府对农业基础设施的投入，特别是在农田水利建设方面的投入。增加政府财政资金的投入，建立小型农田水利设施建设补助专项资金，加强小型农田水利建设，提高耕地灌溉率。良好的耕地灌溉条件能提高农户抗旱的能力，防止旱灾的发生。另一方面是政府在教育方面的投入，特别是在农村基础教育和职业技术教育方面的投入。知识水平和职业技能的提高能有效提高农户的收入水平和风险防范意识，从而降低脆弱性程度。

9.2.1.3 农户微观家庭禀赋变量是影响农户干旱保险支付意愿的重要决定性因素

本书第6章对研究区域农户的实地调研表明：被调查者年龄对农户支付意愿的作用为负，年龄越高，支付意愿越低。被调查农户个人文化程度变量对农户支付意愿的影响比较显著，且系数符号为正，这说明在其他条件不变的情况下，户主文化水平越高，则对农业干旱保险的支付意愿越强。农户家庭人均收入变量对农户支付意愿的作用为正。在其他因素不变的条件下，家庭人均收入越高的农户进行保险投资的相对成本越小，支付能力越强，其支付意愿会相应增强。农户非农收入比重对农户支付意愿的作用为负，非农收入越高，旱灾风险对其影响越小，农户利用干旱保险的积极性就越低，从而在一定程度上限制了农户的干旱保险投资意愿。耕地面积对农户支付意愿的作用为正，影响比较显著。在其他因素不变的条件下，耕地面积越大的农户对农业生产的依赖程度越强，因而支付意愿较强。农户对干旱保险的认知程度也是影响农户支付意愿的主要因素，且系数符号为正。这说明对干旱保险的认知程度越高，则对保险的支付意愿越强。从模型估计结果看，农户对保险公司的信任程度也是影响农户支付意愿的主要因素，系数符号为正。这说明对保险公司的信任程度越高，越认为农业保险可以分散风险，则对保险的支付意愿越强。

9.2.1.4　天气指数保险和天气衍生品能有效克服传统再保险市场的局限性，为发展中国家的农村地区提供一种新的风险转移机制

本书第7章回顾了天气指数保险和天气衍生品的文献，并概括了两者在国内外具体的实施情况。国外的理论与实践都说明天气指数保险适合分散的农户家庭小规模经营模式，能有效克服传统农业保险的不足。鉴于传统农作物保险的失败以及指数保险在国外的成功经验，我国可选择天气指数保险进行试验。从2002年开始，我国大连期货交易所开始对天气产品进行研究。近年来，我国也积极推进天气指数保险试点工作，如安徽国元农业水稻种植天气指数保险、陕西省的苹果气象指数保险与北京的蜂业气象指数保险等，并取得了一定的成效。

9.2.1.5　干旱灾害安全网是一种灾前防范和化解旱灾风险，灾后应付旱灾风险冲击功能的制度、保险、救助和服务的综合体系

我国传统的干旱灾害倾向于灾后恢复与重建的危机管理。近年来，干旱在我国不断发生，其发生频率越来越高，旱灾的破坏程度愈演愈烈。我国对综合风险管理的重视程度不断加大，综合风险管理机构的级别也不断提高。干旱灾害风险管理则贯穿于灾害发生发展的全过程，包括准备、预测、减轻和早期警报、回应、恢复等循环进程。旱灾风险管理可以达到主动防旱，减少旱灾损失的作用。伴随着管理理念从危机管理到风险管理的变迁，政府部门也要相应提高旱灾应急反应能力。基于利益相关者的干旱灾害管理框架是一个综合性的、全局性的、系统性的体系，各个部门密切联系，职责明确，其最终目的是加强防旱抗灾的能力。它对转变抗旱工作理念、加强干旱灾害管理体制、明确干旱灾害管理职能和提高干旱灾害管理水平有较好的借鉴意义。

9.2.2　政策含义

9.2.2.1　经济、社会及政治制度三管齐下，降低旱灾脆弱性程度

第一，实现经济增长方式从粗放型向集约型的转变；加快产业结构调整，大

力发展第三产业，增加第三产业的就业机会；增加农民外出就业的机会，提高农民工资性收入所占的比例，减少对农业的依赖度，增强抗风险能力。第二，降低婴儿死亡率和文盲率，提高社会在健康和教育方面的支出，提高女性劳动者的就业比例，提高社会整体福利水平。第三，建立预防性的旱灾风险管理制度，加大财政支农支出，加大对农田水利等基础设施的投入和维护力度，增强农业抗风险能力。缓解旱灾的脆弱性是一项复杂的系统工程，需要从经济、社会及政治制度3个方面进行共同的努力。

9.2.2.2 提高农户收入和知识水平，从而增强农户旱灾指数保险支付意愿

加大对农村的人力资本投资，特别是农村基础教育与职业技术教育的培训与学习，提高农户受教育水平；开发用工渠道，增加农户外出务工的机会，提高非农收入在农户家庭收入中的比重，从而增加农户家庭的总体收入，加强他们对农业保险的支付能力；加强农业干旱指数保险的宣传教育工作；借鉴国外农业保险费率厘定及政府补贴的成功经验，根据不同区域的实际情况，并综合考虑农户的支付意愿来确定农业保险补贴方式和标准，做到农户能真正得到实惠，真正满意。

9.2.2.3 积极推进天气指数保险和天气衍生品在我国的试点工作

借鉴国外先进经验，结合我国气候的特点和各地作物生产的具体情况，并考虑我国农业生产以个体农户小规模经营为主，农户所处地理位置分散的特点，设计一些有针对性的、实用的天气指数保险产品。同时，我们要认真学习国外的经验，在设计天气衍生品合约时，在技术上更多地体现出为农业服务，为建立农业风险管理体系提供技术支持。同时，也要注重人才的培养，提高交易的科学性和可靠性。

9.2.2.4 基于政府视角的防御农业旱灾的对策建议

政府在防旱抗灾工作中起着非常重要的作用。主要包括：建设农业旱灾监测预警系统；构建基于利益相关者的干旱灾害安全网；加强农田水利基础设施建设；推进旱灾保险制度；加快农业产业结构调整及发展旱作农业等。

9.3　本书的不足之处

本书虽然在前人的基础上进行一点工作，但受资料收集的限制及笔者自身能力的影响，还存在许多不足之处，需要在以后的工作中进一步改进。本书存在的不足之处主要有以下几个方面。

第一，农业旱灾脆弱性的影响因素有很多，包括自然因素和人为因素。本书以孝感地区作为评价单元，但受数据可获得性方面的影响，相关统计资料不是非常完整，某些理论上对评价非常重要的指标，由于数据难以获得而未被采纳。本书只选取了其中起主要作用的一些指标来进行评价，从总体上讲能基本反映孝感地区农业旱灾脆弱性特征，但也存在不完善之处。

第二，在研究区域的选择方面，没有选择具有典型性的干旱区，而是一般的中部地区的一个区域。这是因为不明显并不代表不重要，对于人们容易忽略的地域更应该加以重视，要具有未雨绸缪的风险意识。笔者正是鉴于此选定湖北省孝感市作为研究区域，但这也导致所选用的数据资料不太具有典型性。

第三，天气指数保险和天气衍生品的设计在国际上都还是一个崭新的课题，仍然处于探索实验阶段。前期可供借鉴的研究成果不多，本书只是进行了一个简单的尝试，理论深度与系统性方面仍有欠缺。例如，天气衍生品的定价、天气指数与农作物产量的相关关系等还有待进一步挖掘。

9.4　研究展望

本书虽然取得了一定成果，但受到主观能力的限制和客观资源的约束，不可避免地存在一些不足之处。本书认为进一步研究可以在以下几个方面展开。

第一，进一步完善农业旱灾脆弱性测度指标体系。在旱灾脆弱性评价中，评价指标体系的选取至关重要。无论对于旱灾脆弱性程度的衡量，还是对于旱灾危机的预警与管理，构建一套完整科学合理的脆弱性测度指标体系是非常必要的。影响旱灾脆弱性的因素指标包括定性指标和定量指标，并且它们之间的关系也错综复杂。所以在确定评价指标体系时，如何解决定性指标的量化标准问题就显得格外重要。本书在这方面只是进行了一些初步的探索。本书的脆弱性评价指标因子受到数据收集的限制，存在着一定的局限性，今后可进一步加强理论研究，并在更大范围内进行专家咨询，完善脆弱性评价指标体系。

第二，本书所选区域不是非常具有典型意义的干旱地带，而是就我国中部地区湖北省的一个区域——孝感市的几个县市进行分析，所取的样本在空间分布上相对集中。这是因为近年来受气候变暖的影响，干旱灾害更加频繁，哪怕在非干旱带的中部地区，干旱发生的频率也越来越高，而且孝感市是我国粮食生产的重点地区。因此探讨该地区的旱灾风险管理，对于稳定粮食生产，确保粮食安全具有非常重要的意义。今后在进一步研究中，可以就干旱区、非干旱区进行对比分析，使样本的类型更完整，借鉴和推广意义更大。

第三，脆弱性评估涉及自然、社会和经济等多领域，需要各学科之间的合作交流。我国干旱灾害发生频率很高，但是在干旱灾害脆弱性评估方面还比较薄弱。在农业旱灾脆弱性评估方法上，我们可以学习和借鉴国外先进的方法，特别是其他领域的脆弱性评估方法，如环境脆弱性、地下水脆弱性、洪水脆弱性等领域。国外研究基于情景的洪涝灾害脆弱性评估比较成熟，具体到社区，工作很细，能真正为防灾减灾和减少损失提供依据，我们在此方面可以多加学习借鉴。

第四，关于天气指数保险和天气衍生品设计的可操作性和科学性有待进一步检验和完善。

第五，农业旱灾脆弱性问题是一个多学科的问题，不同学科间的交融与比较也是一个值得进一步研究的重要方面。

第六，我国在降低脆弱性的旱灾风险管理方面还需进一步深入研究。我们可以将旱灾预警预报体系，水利工程等基础设施建设，节水技术、优良品种的培育与研发等措施与社会经济发展相结合，设计一个生态持续型的农业生产系统，构建降低脆弱性、减轻灾害损失的一体化管理体系。

总之，从旱灾脆弱性的视角来探讨农业旱灾风险管理是一个新的课题，还有待进一步研究。限于专业知识及经验的不足，难免会有许多疏漏和欠缺之处，恳请各位专家及学者批评指正。

参 考 文 献

暴丽杰.2009. 基于情景的上海浦东暴雨洪涝灾害脆弱性评估. 上海：上海师范大学.

陈传波, 丁士军, 陈风波.2004. 基于地块的南方水稻干旱损失估计. 农业技术经济, （1）：52-56.

陈传波.2005. 农户风险与脆弱性：一个分析框架及贫困地区的经验. 农业经济问题, （8）：47-50.

陈风波, 陈传波, 丁士军.2004. 中国南方水稻干旱的解决途径探讨——对政府部门、科研机构和农户的调查报告. 水利经济, 22（1）：49-54.

陈风波, 陈传波, 丁士军.2005. 中国南方农户的干旱风险及其处理策略. 中国农村经济, （6）：61-67.

陈靖.2004. 天气期货在中国的开发与应用. 上海金融, （12）：10-13.

陈盛伟.2010. 农业气象指数保险在发展中国家的应用及在我国的探索. 保险研究, （3）：82-88.

陈香.2008. 福建省农业水灾脆弱性评价及减灾对策. 中国生态农业学报, 16（1）：206-211.

陈晓峰, 黄路.2010. 马拉维干旱指数保险试点经验及其对广西甘蔗保险发展的启示. 区域金融研究, （10）：53-56.

成福云.2002. 政府应为农民造一把"保护伞". 中国减灾, （5）：22-23.

崔海清.2008. 世界银行积极推进农业气象指数保险. http：//insurance. jrj. com. cn/2008/09/000000212270. shtml［2008-09-05］.

邓兴旺, 蔡静菲.2003. 孝感市2001年夏秋季特大干旱分析. 湖北气象, （1）：6-8.

丁家玲, 叶金华.2003. 层次分析法和模糊综合评判在教师课堂教学质量评价中的应用. 武汉大学学报（社会科学版）, 56（2）：241-245.

丁士军, 陈传波.2001. 农户风险处理策略分析. 农业现代化研究, （6）：346-349.

董利民, 万磊, 王雅鹏.2006. 我国城镇化进程中农业灾害与粮食安全问题. 广东农业科学, （8）：95-98.

杜正茂, 龙文军.2009a. 我国农业保险经营机构发展研究. 保险研究, （2）：59-64.

杜正茂, 龙文军.2009b. 我国农业保险政策实施的成效、问题及建议. 中国农垦, （9）：47-51.

段然.2008. 天气衍生产品在农业保险中的应用. 上海：华东师范大学.

方锋，梁东升，张存杰．2010．西北干旱监测预警评估业务系统开发与应用．水土保持通报，30（3）：140-144.

冯文丽，林保清．2003．我国农业保险短缺的经济分析．福建论坛（经济社会版），（6）：17-20.

冯文丽．2004．我国农业保险市场失灵与制度供给．金融研究，（4）：124-129.

顾颖．2006．风险管理是干旱管理的发展趋势．水科学进展，17（2）：295-299.

国家统计局农村社会经济调查司．2009．中国农村住户调查年鉴．北京：中国统计出版社．

韩峥．2004．脆弱性与农村贫困．农业经济问题，（10）：8-12.

贺新春，邵东国，陈南祥，等．2005．几种评价地下水环境脆弱性方法之比较．长江科学院院报，22（3）：17-21.

胡敏华．2007．我国农业保险体制的制度框架与政策选择．农业现代化研究，28（6）：718-722.

黄崇福，刘新立．1998．以历史灾情资料为依据的农业自然灾害风险评估方法．自然灾害学报，7（2）：1-9.

黄崇福．2005．自然灾害风险评价理论与实践．北京：科学出版社．

江志红，丁裕国，蔡敏．2009．未来极端降水对气候平均变暖敏感性的蒙特卡罗模拟试验．气象学报，67（2）：272-279.

景毅刚，张树誉，乔丽，等．2010．陕西省干旱预测预警技术及其应用．中国农业气象，31（1）：115-120.

雷娜，赵邦宏，杨金深，等．2007．农户对农业信息的支付意愿及影响因素分析——以河北省为例．农业技术经济，（7）：108-112.

李彬，武恒．2009．安徽省农业旱灾规律及其对粮食安全的影响．干旱地区农业研究，27（5）：18-22.

李春平，杨益民，葛莹玉．2005．主成分分析法和层次分析法在对综合指标进行定量评价中的比较．南京财经大学学报，（6）：54-57.

李鹤，张平宇，程叶青．2008．脆弱性的概念及其评价方法．地理科学进展，27（2）：18-25.

李乐．2007．天气期货在中国电力行业的应用．北京：对外经济贸易大学．

李黎，张羽．2006．农业自然风险的金融管理：天气衍生品的兴起．证券市场导报，（3）：49-53.

李琳，游桂云．2003．论保险业中的道德风险与逆向选择．保险研究，（9）：6-8.

李茂松，李章成，王道龙，等．2005．50年来我国自然灾害变化对粮食产量的影响．自然灾害学报，14（2）：55-60.

李毅利．2009-03-03．旱灾拷问农业保险"缺位"．陕西日报，007.

梁红梅．2006．雷州半岛农业旱灾脆弱性研究．广州：广州大学．

刘成武, 黄利民, 吴斌祥. 2004. 论人地关系变化对湖北省自然灾害的影响. 灾害学, (3): 63-68.

刘萃文, 邓林君. 2003. 从阜新干旱调查结果看农业结构调整. 辽宁农业科学, (6): 49-51.

刘海龙. 2007. 论天气衍生品在我国的开发与应用. 成都: 西南财经大学.

刘宏志, 王文河. 2009. 旱涝灾害交替对大庆市农业产生的影响及对策. 大庆社会科学, (10): 97-98.

刘洪先. 2010. 加强基层水利建设, 提高农村抗旱保障能力. 水利发展研究, (7): 10-14.

刘慧侠, 赵守国. 2004. 农业保险市场失灵及发展路径选择. 商业时代, (26): 46-47.

刘兰芳, 关欣, 唐云松. 2005. 农业旱灾脆弱性评价及生态减灾研究——以湖南省衡阳市为例. 水土保持通报, 25 (2): 69-73.

刘兰芳. 2002a. 衡阳盆地农业旱灾脆弱性研究. 热带地理, 22 (1): 19-23.

刘兰芳, 刘盛和. 2002b. 湖南省农业旱灾脆弱性综合分析与定量评价. 自然灾害学报, 11 (4): 78-83.

刘思峰, 史本广. 2000. 灰色系统理论在科学发展中的作用和地位. 农业系统科学与综合研究, 16 (3): 168-170.

刘晓忠. 2009-02-11. 旱灾凸显农村基础设施"缺位". 第一财经日报. A14.

刘新立, 史培军. 2001. 区域水灾风险评估模型研究的理论与实践. 自然灾害学报, 10 (2): 66-72.

刘新立. 2004a. 区域水灾风险评估的理论与实践. 北京: 北京大学出版社.

刘新立. 2004b. 区域水灾风险的相关分析与因子分析——以湖南省为例. 经济科学, (2): 94-101.

刘悦. 2006. 论农业保险经营模式的选择——基于防范信息不对称之上的研究. 贵州财经学院学报, (2): 57-59.

刘云琳, 干天. 2006. 论天气衍生产品在农业保险中的应用. 安徽农业科学, 34 (17): 4424, 4425.

龙文军, 温闽赟. 2009. 我国农业保险机制与农业防灾救灾措施及政策建议. 农业现代化研究, 30 (2): 189-194.

龙文军. 2003. 对当前中国农业保险面临的矛盾的认识. 农业经济问题, (4): 43-46.

龙文军. 2004. 谁来拯救农业保险: 农业保险行为主体互动研究. 北京: 中国农业出版社, 73-75.

吕娟, 屈艳萍, 吴玉成. 2006. 重庆市干旱灾害脆弱性分析. 中国水利, (23): 30-32.

马九杰, 崔卫杰, 朱信凯. 2005. 农业自然灾害风险对粮食综合生产能力的影响分析. 农业经济问题, (4): 14-18.

马圆圆. 2008. 天气衍生产品及其定价——基础指数设计方法和实验研究. 上海: 华东师范大

学.

马宗晋.1994.中国重大自然灾害及减灾对策（总论）.北京：科学出版社.

蒙海花，王腊春.2007.贵州普定后寨河流域岩溶生态脆弱性的模糊综合评价.四川环境,26（3）：62-66.

倪深海，顾颖，王会容.2005.中国农业干旱脆弱性分区研究.水科学进展,（9）：705-709.

倪文进，严家适.2007-12-25.建设小型农田水利工程,提高农业抗特大旱灾能力.经济日报,016.

倪研贤.2007.韶关盆地农业旱灾及其脆弱性评价.广州大学.

聂峰.2008.我国农业自然灾害保险救助问题研究.上海经济研究,（4）：102-106.

聂伟杰，胡宝清，韦珍莲.2003.桂中旱片的旱情时空分析及其脆弱性综合评价.广西师范学院学报（自然科学版）,20（2）：67-72.

宁满秀，苗齐，邢鹂，等.2006.农户对农业保险支付意愿的实证分析——以新疆玛纳斯河流域为例.中国农村经济,（6）：43-51.

裴洁.2011.我国应对天气风险的保险对策研究.保定：河北大学.

曲哲涵.2010-4-12.旱灾再现农险软肋.人民日报,018.

人民网.2010.西南大部分旱区旱情持续,5省市受旱面积1亿亩.http://news.qq.com/a/20100409/000326.htm［2010-04-09］.

商彦蕊.1999.农业旱灾风险与脆弱性评估及其相关关系的建立.河北师范大学学报（自然科学版）,23（9）：420-424.

商彦蕊.2000a.河北省农业旱灾脆弱性动态变化的成因分析.自然灾害学报,9（1）：40-46.

商彦蕊.2000b.干旱、农业旱灾与农户旱灾脆弱性分析.自然灾害学报,9（2）：55-61.

商彦蕊.2001.河北省农业旱灾脆弱性区划与减灾.灾害学,16（3）：28-37.

商彦蕊.2004.农业旱灾研究进展.地理与地理信息科学,20（4）：101-105.

尚志海.2006.20世纪云南省农业干旱灾害脆弱性的成因分析.安徽农业科学,34（19）：4837-4839.

石勇，石纯，孙蕾，等.2008.沿海城市自然灾害脆弱性评价研究——以上海浦东新区为例.中国人口·资源与环境,18（4）：24-27.

史德明.1996a.中国水土流失及其对旱涝灾害的影响.自然灾害学报,5（2）：36-46.

史德明.1996b.水土保持与发展我国持续农业的关系.水土保持研究,6（3）：62-66.

史丽媛.2010-4-7.旱灾呼唤农业巨灾保险.中国保险报,002.

史培军，苏芸，周武光.1999.土地利用变化对农业自然灾害灾情的影响机理——基于实地调查与统计资料的分析.自然灾害学报,18（1）：1-8.

史培军.1996.再论灾害研究的理论与实践.自然灾害学报,5（4）：6-17.

史培军.2002.三论灾害研究的理论与实践.自然灾害学报,11（3）：1-9.

宋秋洪，千怀遂，赖纯佳 . 2008. 农业气候变化脆弱性评价研究进展 . 安徽农业科学，36（22）：9646-9649.

苏筠，周洪建，崔欣婷 . 2005. 湖南鼎城农业旱灾脆弱性的变化及原因分析 . 长江流域资源与环境，14（4）：521-526.

孙芳，杨修 . 2005. 农业气候变化脆弱性评估研究进展 . 中国农业气象，26（3）：170-173.

孙祁祥，等 . 2000. 中国保险业：矛盾、挑战与对策 . 北京：中国金融出版社 .

谭朵朵 . 2005. 关于开发天气保险的思考 . 上海保险，（4）：33-35.

谭术魁，彭补拙 . 2003. 粮食安全的耕地保障检讨及近期耕地调控思路 . 经济地理，23（3）：371-375.

唐明 . 2008. 旱灾风险分析的理论探讨 . 中国防汛抗旱，（1）：38-40.

唐为安，马世铭，吴必文，等 . 2010. 全球气候变化背景下农业脆弱性评估方法研究进展 . 安徽农业科学，38（25）：13847-13849.

唐为安 . 2007. 区域农业对气候变化的脆弱性评价——宁夏案例研究 . 中国农业科学 .

陶建平，雷海章 . 2004. 长江中游平原农业水灾风险管理的制度建设 . 长江流域资源与环境，13（6）：621-622.

田芳 . 2003. 模糊综合评判法在风险分析中的应用 . 系统工程与电子技术，25（2）：174-176.

仝春建 . 2009-3-9. 国家鼓励建立和推行旱灾保险制度 . 中国保险报，001.

庹国柱，王德宝 . 2010. 我国农业巨灾风险损失补偿机制研究 . 农村金融研究，（6）：13-18.

庹国柱，王国军 . 2002. 中国农业保险与农村社会保障制度研究 . 北京：首都经贸大学出版社 .

庹国柱，朱俊生 . 2004a. 建立我国政策性农业保险制度的几个问题（上）. 保险研究，（5）：62-66.

庹国柱，朱俊生 . 2004b. 建立我国政策性农业保险制度的几个问题（下）. 保险研究，（6）：55-57.

庹国柱，朱俊生 . 2005. 关于我国农业保险制度建设几个重要问题的探讨 . 中国农村经济，（6）：46-53.

王瑞燕，赵庚星，周伟，等 . 2009. 县域生态环境脆弱性评价及其动态分析——以黄河三角洲垦利县为例 . 生态学报，29（7）：3790-3799.

王志强，杨春燕，王静爱，等 . 2005. 基于农户尺度的农业旱灾成灾风险评价与可持续发展 . 自然灾害学报，14（6）：94-99.

魏华林，吴韧强 . 2010. 天气指数保险与农业保险可持续发展 . 财贸经济，（3）：5-13.

文琦，刘彦随 . 2008. 北方干旱化对水土资源与粮食安全的影响及适应——以陕北地区为例 . 干旱区资源与环境，22（7）：7-11.

武永峰，李茂松，蒋卫国 . 2006. 不同经济地带旱灾灾情变化及其与粮食单产波动的关系 . 自然灾害学报，15（6）：205-210.

武玉艳，葛兆帅，蒲英磊，等.2009. 基于熵值法的农业洪涝灾害脆弱性评价——以江苏省盐城市为例. 安徽农业科学，37（4）：1681-1682.

肖宏.2008. 天气衍生品在农业风险管理中的应用. 资源环境与发展，（3）：7-11.

邢慧茹，陶建平.2009. 巨灾风险、保费补贴与我国农业保险市场失衡分析. 中国软科学，（7）：42-47.

熊军红，蒲成毅.2005. 农民收入与农业保险需求关系的实证分析. 保险研究，（12）：29-31.

徐成剑，谈昌莉，刘晖.2002. 长江流域水利建设对粮食安全的影响分析. 水利经济，（5）：51-56.

徐启运，张强，张存杰，等.2005. 中国干旱预警系统研究. 中国沙漠，25（5）：785-789.

徐亚平，刘潇威，战新华，等.2008. 完善我国农业灾害补偿制度刻不容缓. 农业环境与发展，（4）：84-87.

许树柏.1988. 层次分析法原理. 天津：天津大学出版社.

许有鹏，陈钦峦，朱静玉.1995. 遥感信息在水文动态模拟中的应用. 水科学进展，6（2）：156-161.

许有鹏，于瑞宏，马宗伟，等.2005. 长江中下游洪水灾害成因及洪水特征模拟分析. 长江流域资源与环境，14（5）：638-643.

薛丽，顾颖.2007. 南方农业干旱风险管理及干旱预警. 湖南水利水电，（1）：38-40.

薛晓萍，张承旺，张丽娟，等.2006. 区域农业生产脆弱性及干旱诊断分析. 自然灾害学报，（10）：107-114.

杨彬云，吴荣军，郑有飞，等.2008. 河北省农业旱灾脆弱性评价. 安徽农业科学，36（15）：6499-6502.

杨春燕，王静爱，苏筠，等.2005. 农业旱灾脆弱性评价——以北方农牧交错带兴和县为例. 自然灾害学报，14（60）：88-93.

杨奇勇，李景保，蔡松柏.2007. 湖南农业干旱脆弱性分区研究. 水资源与水工程学报，18（3）：46-49.

杨启国，张旭东，杨兴国，等.2004. 甘肃河东旱作小麦农田干旱监测预警服务系统研究. 干旱地区农业研究，22（3）：186-191.

姚润丰，任芳.2010-3-15. 人大代表王仕尧：应高度重视农田水利设施建设. 中国社会报，B01.

喻朝庆，宫鹏.2010-04-08. 我国的旱灾威胁及其战略对策. 科技日报，008.

喻朝庆.2009. 国际干旱管理进展简述及对我国的借鉴意义. 中国水利水电科学研究院学报，（6）：312-319.

原佩佩.2006. 阿拉善右旗生态环境评价及脆弱性影响因素研究. 武汉：中国地质大学.

曾小波，修凤丽，贾金荣．2009．陕西农户奶牛保险支付意愿的实证分析．保险研究，（8）：
　77-83．

翟同宪．2009．干旱地区农业结构战略性调整问题研究——以甘肃省张掖市为例．山东省农业
　管理干部学院学报，23（1）：63-65．

张炳伟．2008．天气衍生品定价研究及实证分析．上海：华东师范大学．

张光义．2010-4-13．从西南旱灾看保护和改善生态环境．黄河报，002．

张继权，冈田宪夫，多多纳裕一．2006．综合自然灾害风险管理——全面整合的模式与中国的
　战略选择．自然灾害学报，15（1）：29-37．

张汝根．2007．我国实施农业气候保险的探讨．财会月刊（综合），（8）：33-34．

张涛，段春锋，方芳，等．2010．近50年孝感市降水变化特征分析．暴雨灾害，29（1）：
　81-84．

张星，陈惠，吴菊薪．2008．气象灾害影响福建粮食生产安全的机理分析．自然灾害学报，17
　（2）：150-155．

张跃华，顾海英，史清华．2005．农业保险需求不足效用层面的一个解释及实证研究．数量经
　济技术经济研究，（3）：53-60．

张跃华，顾海英．2004．准公共产品、外部性与农业保险的性质——对农业保险政策性补贴理
　论的探讨．中国软科学，（9）：10-15．

张跃华，何文炯．2007．农村保险、农业保险与农民需求意愿——山西省、江西省、上海市户
　农户问卷调查．中国保险，（4）19-22．

张跃华，何文炯，施红．2007．市场失灵、政策性农业保险与本土化模式——基于浙江、上海、
　苏州农业保险试点的比较研究．农业经济问题，（6）：49-56．

张跃华，施红．2007．补贴、福利与政策性农业保险——基于福利经济学的一个深入探讨．浙
　江大学学报（人文社会科学版），37（6）：138-146．

张跃华，张宏．2006．农业保险、市场失灵及县域保险的经济学分析．山东农业大学学报（社
　会科学版），（2）：17-21．

张跃华．2007．农业保险政策性运作的经济学分析．上海保险，（1）：6-9．

郑风田．2010．水利战略必须大调．农村工作通讯，（7）：29-30．

郑国光．2009．科学应对全球气候变暖，提高粮食安全保障能力．求是，（23）：47-49．

郑有飞，李海涛，吴荣军，等．2009．我国农业的气候脆弱性研究及其评价．农业环境科学学
　报，28（12）：2445-2452．

郑远长．2000．全球自然灾害概述．中国减灾，10（1）：14-19．

周玲强，程兴火，周天斌．2006．生态旅游认证产品支付意愿研究——基于浙江省四个景区旅
　游者的实证分析．经济地理，26（1）：140-144．

周毅，李旋旗，赵景柱．2008．中国典型生态脆弱带与贫困相关性分析．北京理工大学学报，

（3）：260-262.

朱俊生，庹国柱．2009. 公私合作视角下中国农业保险的发展．保险研究，（3）：43-49.

祝燕德，胡爱军，熊一鹏，等．2006. 经济发展与天气风险管理．北京：中国财经出版社．

祖晓青．2006. 对天气风险进行管理的措施探讨．金融经济，（4）：73-75.

Acosta-Michlik L, et al. 2008. Application of fuzzy models to assess susceptibility to droughts from a socio-economic perspective. Reg Environ Change, 8 (4): 151-160.

Adger W N. 2000. Social and ecological resilience: are they related? . Progress in Human Geography, 24: 347-364.

Agnew C, Warren A. 1996. A framework for tackling drought and land degradation. Journal of Arid Environments, 33: 309-320.

Agroasemex. 2006. The Mexican Experience in the Development and Operation of Parametric Insurances Applied to Agriculture. Working Paper.

Alcamo J, et al. 2008. A new approach to quantifying and comparing vulnerability to drought, Reg Environ Change, 8: 137-149.

Ayers J M, Huq S. 2009. The value of linking mitigation and adaptation: a case study of bangladesh, Environmental Management, 43: 753-764.

Barnett B J, Barrett C B, Skees J R. 2008 . Poverty Traps and Index-Based Risk Transfer Products. World Development, 36 (10): 1766-1785.

Barnett B J, Mahul O. 2007. Weather index insurance for agriculture and rural areas in lower-income countries. American Journal of Agriculture Economics, 89 (5): 1241-1247.

Betty I. 1999. Dentifying and mapping community vulnerability disaster. The Journal of Disaster Studies, Policy and Management, 23 (1) .

Brooks N, Adger W N, Kelly P M . 2005. The determinants of vulnerability and adaptive capacity at the national level and the implications for adaptation. Global Environmental Change, 15 (2): 151-163.

Burton I, Kates R W, White G F. 1993. The Environment as Hazard. 2nd ed. New York : Guilford Press.

Byun H R, Wilhite D A. 1999. Objective quantification of drought severity and duration. Journal of Climate, 12: 747-756.

Calvo C. 2008. Vulnerability to multidimensional poverty: peru, 1998~2002. *World Development*, 6: 1011-1020.

Campbell S, Diebold F X. 2005. Weather Forecasting for Weather Derivatives. Journal of the American Statistical Association, 100: 6-16.

Cao M, Wei J. 2004. Weather derivatives valuation and market price of weather risk. Journal of Futures

Market, 24 (11): 1065-1089.

Carr E R, Kettle N P. 2009. Commentary: the challenge of quantifying susceptibility to drought-related crisis. Reg Environ Change, 9: 131-136.

Carter M R, Barrett C B. 2006. The economics of poverty traps and persistent poverty: an asset based approach. Journal of Development Studies, 42 (2): 178-199.

Carter M R, et al. 2007. Poverty traps and natural disasters in ethiopia and honduras. World Development, 35 (5): 835-856.

Chambers R. 1989. Vulnerability, Coping and Policy. IDS Bulletin, 20: 1-7.

Changnon S A. 2007. New risk assessment products for dealing with financial exposure to weather hazards. Nat Hazards, 43: 295-301.

Chantarat S, et al. 2007. Using weather index insurance to improve drought response for famine prevention. American Journal of Agriculture Economics, 89 (5): 1262-1268.

Climate Change. 1995. 1996. lmpacts、Adaptations and Mitigation of Climate Change: Scientific Technical Analyses. Cambrige: Cambridge University Press.

Climate Change. 2001. Contribution of Working Groups I, II and III to the Third Assessment Report of the Intergovernmental Panel on Climate Change. Cambridge: Cambridge University Press.

Collins A A A. 2005. Three Essays on the Economics of Natural Disasters. Guelph : The University of Guelph.

Davis M. 2001. Pricing weather derivatives by marginal Value. Quantitative Finance, 1: 305-308.

Deng X H, et al. 2007. Hedging dairy production losses using weather-based index insurance. Agricultural Economics. 36: 271-280.

Dercon Stefan. 2006. Economic reform, growth and the poor: Evidence from rural Ethiopia. Journal of Development, 81 (1): 1-24.

Eierdanz F, et al. 2008. Using fuzzy Set theory to address the uncertainty of susceptibility to drought. Regional Environmental Change, 8 (4): 197-205.

Eriksen S, Silva J A. 2009. The vulnerability context of a savanna area in mozambique: household drought coping strategies and responses to economic change. Environmental Science and Policy, 12: 33-52.

Gordon D S, Spicker P, et al. 1997. A population needs assessment profile for dementia. International journal of geriatric psychiatry, 12 (6): 642-647.

Hausken E M. 2004. Contrasting climate variability and meteorological drought with perceived drought and climate change in northern ethiopia. Climate Research, 27: 19-31.

Hess U. 2007. Weather index insurance for coping with risks in agricultural production//Sivakumar Mvk, Motha Rp. Managing Weather And Climate Risks In Agriculture. 377-405.

IPCC. 1990. Impacts Assessment of Climate Change Report of Working Group II. By W. J. McG Tegart, G. W. Sheldon, D. C. Griffiths. Australia: Australian Government Publishing Service.

IPCC. 1996. Climate Change 1995: Impacts, Adaptations and Mitigation of Climate Change: Scientific Technical Analyses//Watson R T, Zinyowera M C, Moss R H. UK: Cambridge University Press.

IPCC. 1997. The Regional Impacts of Climate Change: An Assessment of Vulnerability//Watson R T, Zinyowera M C, Moss R H. UK: Cambridge University Press.

IPCC. 2001. Climate Change 2001: Impacts, Adaptation and Vulnerability//James J McCarthy, Osvaldo F Canziani, Neil A Learyet. UK: Cambridge University Press.

IPCC. 2007. Climate Change 2007: The Physical Science Basis. Cambridge: Cambridge University Press.

Jallow S S. 1995. Identification of and response to drought by local communities in fulladu west district, the gambia. Singapore Journal of Tropical Geography, 16 (1): 22-41.

Jerry R Skees, Ayurzana Enkh-Amgalan. 2002. Examining the Feasibility of Livestock Insurance in Mongolia. Policy Research Working Paper. Washington DC: The World Bank.

Jinno K, et al. 1995. Risk assessment of a water supply system during drought. Water Resources Development, 11 (2): 185-203.

Jones R N. 2001. An environmental risk assessment/management framework for Climate Change Impact Assessments. Natural Hazards, 23: 197-230.

Kadioglu M, Sen Z, Gultekin L. 1999. Spatial heating monthly degree-day features and climatologic patterns inTurkey. Theor Appl Climatol, 64: 263-269.

Kelly P M, Adger W N. 2000. Theory and practice in assessing vulnerability to climate change and facilitating adaptation. Climatic Change, 47: 325-352.

Khan M R, Rahman M A. 2007. Partnership approach to disaster management in bangladesh: a critical policy assessment. Nat Hazards, 41: 359-378.

Khandlhela M, May J. 2006. Poverty, vulnerability and the impact of flooding in the Limpopo Province, South Africa. Nat Hazards, 39: 275-287.

Krömker D, Eierdanz F, Stolberg A. 2008. Who is susceptible and why? an agent-based approach to assessing vulnerability to drought. Regional Environmental Change, 8 (4): 173-185.

Lasage R, et al. 2008. Potential for community based adaptation to droughts: sand dams inKitui, Kenya. Physics and Chemistry of the Earth, 33: 67-73.

Little P D, et al. 2006. "Moving in place". drought and poverty dynamics in South Wollo, Ethiopia. Journal of Development Studies, 42 (2): 200-225.

Luers A L, et al. 2003. A method for quantifying vulnerability, applied to the agricultural system of the yaqui valley, Mexico. Global Environmental Change, 13: 255-267.

Lybbert T J, et al. 2004. Stochastic wealth dynamics and risk management among a poor population. The Economic Journal, 114 (10): 750-777.

Mahul Olivier and Jerry Skees. 2006. Piloting Index-Based Livestock Insurance in Mongolia. Access Finance March Issue 10.

Manuamorn O P. 2007. Scaling up Microinsurance: The Case of Weather Insurance for Smallholders in India. Agriculture and Rural Development Discussion Paper 36, Washington DC: The World Bank.

Marchildon G P, et al. 2008. Drought and institutional adaptation in the Great plains of alberta and saskatchewan, 1914-1939. Nat Hazards, 45: 391-411.

Martin S W, Barnett B J, Coble K H. 2001. Developing and pricing precipitation insurance. J. Agric. Resource Econ, 26: 261-274.

McCarthy J J, et al. 2001. Climate Change 2001: Impacts, Adaptation and Vulnerability. Cambridge: Cambridge University Press.

McG Tegart W J, Sheldon G W, Griffiths D C. 1990. Impacts Assessment of Climate Change-Report of Working Group II. Australia: Australian Government Publishing Service.

Mcleman R, Smit B. 2006. Migration as an adaptation to climate change. Climatic Change, 76: 31-53.

Mendelsohn R, Nordhaus W D, Shaw D. 1994. The impact of climatic change on agriculture: a ricardian analysis. Am. . Econ. Rev, 84: 753-771.

Muller A, Grandi M. 2000. Weather derivatives: a risk management tool for weather sensitive industries. The Geneva Dissertations on Risk and Insurance, 25 (2): 273-287.

Pandey R P, et al. 2008. Study of indices for drought characterizationin KBK districts in Orissa (India) . Hydrol. Process, 22: 1895-1907.

Parry M A J, Flexas J, Medrano H. 2005. Prospects for crop production under drought: research priorities and future directions. Annals of Applied Biology, 147: 211-226.

Polsky C, Neff R, Yarnal B. 2007. Building comparable global change vulnerability assessments: the vulnerability scoping diagram. Global Environmental Change, 17: 472-485.

Prabhakar S V R K, Shaw R. 2008. Climate change adaptation implications for drought risk mitigation: a perspective forIndia. Climatic Change, 88: 113-130.

Prashad P. 2007. Weather risk insurance for coping with risks to agricultural production//Sivakumar Mvk, Motha Rp. Managing Weather and Climate Risks in Agriculture, 377-405.

Reilly J. 1996. Climate Change, Global Agriculture and regional Vulnerability. FAO Report.

Richards T J, Manfredo M R, Sanders D R. 2004. Pricing weather derivatives. Am. J. Agric. Econ, 86: 1005-1017.

Robards M, Alessa L. 2004. Timescapes of community resilience and vulnerability in the circumpolar north, Arctic, 57 (4): 415-427.

Scoones I. 2004. Climate change and the challenge of Non-Equilibrium Thinking. IDS Bulletin, 35: 114-119.

Shamsuddin S, Houshang B. 2008. Drought risk assessment in the western part of bangladesh. Nat Hazards, 46: 391-413.

Sidle R C, Taylor D, Lu X X, et al. 2004. Interactions of natural hazards and society in Austral-Asia: evidence in past and recent records. Quaternary International, 118: 181-203.

Simelton E, Fraser E D G, Termansen M, et al. 2009. Typologies of crop-drought vulnerability: an empirical analysis of the socio-economic factors that influence the sensitivity and resilience to drought of three major food crops in China (1961-2001). Environmental Science and Policy, 12 (4): 438-452.

Skees J R, Barnett B J. 2006. Enhancing microfinance using index based risk-transfer products. Agricultural Finance Review, 66: 235-250.

Skees J R, Black J R, Barnett B J. 1997. Designing and rating an area yield crop insurance contract. Am. J. Agric. Econ. , 79: 430-438.

Skees J R, Leiva A J. 2005. Analysis of Risk Instruments in an Irrigation Sub-Sector in Mexico. Report prepared for the Inter-American Development Bank Technical Cooperation Program and DB-Netherlands Water Partnership Program.

Slegers M F W. 2008. "If only it would rain": farmers perceptions of rainfall and drought in semi-arid central tanzania. Journal of Arid Environments, 72 (11): 2106-2123.

Smit B Pilifosova. 2003. From adaptation to adaptive capacity and vulnerability reduction//Smith J B, Klein R J T, Huq S, et al. Climate Change Adaptive Capacity and Development. London: Imperial College Press.

Smith A O. 1996. Anthropological research on hazards and disasters. Annual Review of Anthropology, 25: 303-328.

Sonmez F K, et al. 2005. An analysis of spatial and temporal dimension of drought vulnerability in turkey using the standardized precipitation index. Natural Hazards, 35: 243-264.

Stein H, Bekele S. 2004. Land degradation, drought and food security in a less-favored area in the ethiopian highlands: a bio-Economic model with market imperfections. Agricultural Economics, 30: 31-49.

Taenzler D, Carius A, Maas A. 2008. Assessing the susceptibility of societies to droughts: a political science perspective. Regional Environmental Change, 8 (4): 161-172.

Thomas R J. 2008. Opportunities to reduce the vulnerability of dryland farmers in central and West Asia and North Africa to climate change. Agriculture, Ecosystems and Environment, 126: 36-45.

Turner B L, et al. 2003. A framework for vulnerability analysis in sustainability science. Proc Natl Acad Sci USA, 100 (14): 8074-8079.

Turvey C G. 2001. Weather derivatives for specific event risks in agriculture. Rev. Agric. Econ. 23: 333-352.

Tänzler D, et al. 2008. The challenge of validating vulnerability estimates: the option of media content analysis for identifying drought-related crises. Reg Environ Change, 8 (4): 87-195.

Watson R T, Zinyowera M C, Moss R H. 1996. Climate change 1995: impacts, adaptations and mitigation of climate change: scientific-technical analyses. Cambridge: Cambridge University Press.

Watson R T, Zinyowera M C, Moss R H. 1997. The regional impacts of climate change: an assessment of vulnerability. Cambridge: Cambridge University Press.

Watts M J, Bohle H G. 1993. Hunger, famine and the space of vulnerability. Geo-Journal, 30: 117-125.

Wilhelmi O V, Hubbard K G, Wilhite D A. 2002. Spatial representation of agroclimatology in a study of agricultural drought. International Journal of Climatology, 22: 1399-1414.

Wilhelmi O V, Wilhite D A. 2002. Assessing vulnerability to agricultural drought: a nebraska case study. Natural Hazards, 25: 37-58.

Wilhite D A, et al. 2000. Planmng for drought: moving from crisis to fisk management. Journal of the American water Resources Association, 36 (4): 697-710.

Wilhite D A, Glantz M H. 1985. Understanding the drought phenomenon: the role of definitions. Water International, 10 (3): 15-34.

Wilhite D A, Svoboda M D, Hayes M J. 2007. Understanding the complex impacts of drought: a key to enhancing drought mitigation and preparedness. Water Resour Manage, 21: 763-774.

Wilhite D A. 1996. A methodology for drought preparedness. Natural Hazards, 13: 229-252.

Zamani G H, et al. 2006. Coping with drought: towards a multilevel understanding based on conservation of resources theory. Hum Ecol, 34: 677-692.

Zeng L. 2000. Weather derivatives and weather insurance: concept application and analysis. Bulletin of the American Meteorological Society, 81: 2075-2982.

附　　录

附录 I　农户农业生产与旱灾风险管理调查问卷

调查单位：孝感学院经济管理学院　　　　　　问卷编号：＿＿＿＿＿＿＿＿

调 查 者：＿＿＿＿＿＿＿　　　　　　　　　调查时间：＿＿＿＿＿＿＿＿

调查村名：＿＿＿县（市）＿＿＿区（乡、镇）＿＿＿村（居委会）＿＿＿组

尊敬的先生/女士：

　　您好，感谢您在百忙之中参与我们的调查。根据研究安排，需要对孝感市干旱风险及管理等基本情况进行调查，麻烦您填下表。

I　被调查农户的基本情况

1. 您的年龄是＿＿＿＿＿＿＿，您的性别为＿＿＿＿＿＿＿。A. 男　B. 女
2. 您的文化程度为＿＿＿＿＿＿＿，您家庭成员中的最高学历为＿＿＿＿＿＿＿。

　　A. 小学及以下　　B. 初中　　C. 高中　　D. 中专　　E. 大专以上

3. 您家庭共有人口＿＿＿＿＿人，实际劳动力＿＿＿＿＿人，其中农业劳动力＿＿＿＿＿人。
4. 您家庭人年均收入＿＿＿＿＿＿＿元，其中非农收入所占比例（%）＿＿＿＿＿＿＿。
5. 您家庭每年收入的主要来源是＿＿＿＿＿＿＿。

　　A. 种植业　　　B. 养殖业　　　C. 本地企业　　　D. 林业

　　E. 外出打工　　F. 其他

6. 您是否具有某方面的技能? ＿＿＿＿＿＿＿

　　A. 有（转第6-1题）　　　　B. 没有（转第7题）

　　6-1 如果有，请选择＿＿＿＿＿＿＿。

　　A. 木工　　　　B. 瓦工　　　C. 司机　　　　D. 漆匠

　　E. 装潢　　　　F. 电工　　　G. 其他

7. 对干旱风险的承受能力_____。

    A. 不能承受   B. 勉强能承受   C. 能承受

8. 家庭总耕地面积_____亩。

Ⅱ　农户干旱灾害风险认知及规避行为

1. 您近年来种植的农作物面临的主要灾害有哪些?_____

    A. 洪涝灾害   B. 干旱灾害   C. 虫害   D. 病害   E. 其他

2. 您家耕地的位置遭受干旱情况_____

    A. 易遭受干旱灾害   B. 不易遭受干旱灾害

    C. 完全不会遭受干旱灾害

3. 您觉得您种植农作物地区干旱灾害是否严重?_____

    A. 非常严重   B. 严重   C. 不严重   D. 基本上不存在

4. 您认为干旱对农户的影响有哪些?_____

    A. 农作物损失   B. 牲畜损失   C. 水缺乏   D. 导致饥饿相关的疾病

    E. 经济损失,以致无法偿还贷款、无法养家、无法供孩子上学   F. 其他

5. 您所在地区以前是否发生过较严重的干旱灾害?_____

    A. 没有 (转第 6 题)   B. 有 (转第 5-1 题)

    5-1 如有,是哪几年_____

6. 因干旱导致的经济损失大约占您家庭每年收入的比例大约是多少?_____

    A. 一成以下   B. 一成到二成   C. 三成到四成

    D. 五成到六成   E. 更多

7. 为防范干旱灾害的发生,您是否采取了措施?_____

    A. 没有   B. 有 (转第 7-1 题)

    7-1 如果采取了措施,那您采取了哪些措施_____

8. 干旱灾害发生后,您采取了哪些措施来减轻干旱的影响?_____

    A. 没有采取任何措施

    B. 补种其他农作物

    C. 变卖部分固定资产,如大型农具、房屋、耕牛、家电等

    D. 外出务工赚钱

    E. 让孩子辍学

    F. 减少正常消费支出

    G. 迁移到食物丰富的地方

    H. 向亲友借款借粮

    I. 依靠政府救济度过难关

    J. 依赖作物保险

9. 您抗灾费用的来源有哪些？＿＿＿＿＿＿

    A. 亲友借款   B. 自有储蓄   C. 银行贷款   D. 政府的救助

    E. 同村借款   F. 高利贷   G. 其他

10. 您认为影响干旱脆弱性的因素有哪些？＿＿＿＿＿＿

    A. 贫穷   B. 水利基础设施年久失修，没有发挥应有作用

    C. 政府政策不充分   D. 缺乏气候预测的信息

    E. 缺乏信贷和保险服务   F. 不规则降雨

    G. 地理位置

11. 您认为以下哪种因素对您收入的影响最大？

    A. 疾病   B. 农业自然灾害   C. 孩子教育   D. 赡养老人

III 农户对农业保险的认知与态度调查

1. 您了解农业保险吗？＿＿＿＿＿＿

    A. 非常了解   B. 了解   C. 了解一点   D. 完全不了解

2. 您听说农业保险的途径主要有哪些？＿＿＿＿＿＿

    A. 广播电视   B. 报纸   C. 村里人及村干部宣传

    D. 广告   E. 保险公司人员上门推销

3. 您对保险公司的信任程度如何？＿＿＿＿＿＿

    A. 非常信任   B. 比较信任 C. 比较不信任 D. 完全不信任

4. 您认为有必要实施农业保险吗？＿＿＿＿＿＿

    A. 有必要   B. 没有必要 C. 不清楚

5. 您认为农业保险是？＿＿＿＿＿＿

    A. 分散灾害损失的办法   B. 乱收费   C. 政府救济的好办法

    D. 企业挣钱名目   E. 其他

6. 您认为农业保险是否能够有效分散生产损失？＿＿＿＿＿＿

A. 非常有效　　　B. 有一定效果　　　　　　C. 完全没效果

7. 您是否愿意购买农业保险？ _____

A. 愿意（转第7-1题）　　　B. 不愿意（转第7-2题）

7-1 如果您愿意，您觉得您最需要为何种作物或牲畜购买农业保险_____。

A. 水稻　　　B. 小麦　　　C. 玉米　　　D. 棉花

E. 黄豆　　　F. 花生　　　G. 生猪　　　H. 母猪

I. 其他_____

7-2 如果您不愿意购买农业保险，原因是_____。

A. 农产品自产自销，不必购买保险　　　B. 自己可以承担风险

C. 保险费高，无力承担保险费　　　　　D. 保险保障有限

E. 不相信保险公司　　　　　　　　　　F. 周围人都没买

G. 曾买过，印象不好，服务不行　　　　H. 其他

8. 您最需要哪些保险_____；已经购买过哪些保险_____

A. 新农村合作医疗保险　　B. 养老保险　　C. 家庭财产保险

D. 种植业保险　　　　　　E. 养殖业保险　F. 巨灾保险（洪灾保险）

G. 意外伤害保险　　　　　H. 其他

9. 您购买农业保险了吗？ _____

A. 买了（转第10题）　　　B. 没有买（转第9-1题）

9-1 如果没买，您为什么不愿意购买农业保险？ _____

A. 想买，但买不起　　　　B. 不喜欢设计的保险条款

C. 认为买保险所起作用不大　D. 怀疑保险的赔付，怕麻烦

10. 您觉得哪些人适合购买农业保险（如水稻保险等其他种植业保险）？ _____

A. 大规模种植户或养殖户　B. 制种及育苗农户　　C. 普通农户　　D. 其他

11. 您认为农业保险应该由谁负责： _____

A. 政府　　　B. 村民自己　　C. 村集体　　　　　D. 大家的共同责任

12. 您认为目前保费的征收标准合理吗？ _____

A. 合理　　　B. 过高　　　C. 随意性太大

13. 您希望农业保险政策将来在哪些方面进行改进_____（可以多项选择）

A. 农民能从农业保险中得到实质的实惠

B. 多宣传，让农民有了解、学习保险的途径

　　C. 提供多种形式的、灵活的保险品种

　　D. 简化保险赔付的手续　　　　E. 其他

IV　农户对农业干旱灾害补贴的看法

1. 您对当地农业保险补偿是否满意？＿＿＿＿＿＿　A. 是　　B. 否

2. 您获得过哪些政府补贴？＿＿＿＿＿＿

　　A. 洪涝灾害补贴　　　B. 旱灾补贴　　　C. 农技具补贴　　　D. 粮食直接补贴

　　E. 良种补贴　　　　　F. 农资综合直补　　G. 不了解，或其他

3. 您获得以上补贴的方式＿＿＿＿＿＿

　　A. 自己到信用社领款　　　　　　　B. 村干部发放到家

　　C. 自己到指定地方领取　　　　　　D. 其他

4. 您更喜欢什么样的补贴支付方式＿＿＿＿＿＿

　　A. 现金支付　　　　　　　　　　　B. 抵扣相关税款

　　C. 直接打到账户上，不经过村里　　D. 三者均可

5. 您是否因农作物发生干旱灾害获得救济款？＿＿＿＿＿＿　A. 是　　B. 否

　　如果有，在哪几年获得过＿＿＿＿＿＿＿＿＿＿＿＿＿。

6. 您觉得农业干旱灾害救济对您的影响大吗？＿＿＿＿＿＿

　　A. 很重要　　　　　B. 一般　　　　　C. 金额小，作用不大

7. 您认为哪些因素会影响到政府的农业保险补贴？

　　A. 腐败　　　　　　　　　　　　　B. 不公平

　　C. 不充分，效果不明显　　　　　　D. 不规则的供给，没有持续性

V　农户对当地水利基础设施建设的看法

1. 当地是否有完备的水利基础设施？＿＿＿＿＿＿　A. 有　　B. 没有

2. 您认为这些水利基础设施是否起到了作用＿＿＿＿＿＿

　　A. 有作用　　　　　　　　　　　　B. 没有作用（转第 2-1 题）

　　2-1 如果没有起到作用，是由于什么原因引起的？＿＿＿＿＿＿

　　A. 多年没有灾害发生，无人管理　　B. 扩张耕地挤占了灌溉通道

　　C. 其他

3. 您是否愿意为水利设施建设出钱出力？＿＿＿＿＿＿

A. 愿意出钱　　　　B. 愿意出力　　　C. 都不愿意（转第 3-1 题）

3-1 如果不愿意，原因是＿＿＿＿＿＿

A. 水利设施建设是政府的责任，应完全由政府负责

B. 家庭贫困，没有多余的钱和时间

C. 所出款项可能会因贪污等问题而不能用到实处

D. 其他＿＿＿＿＿＿

VI　农民对天气预测的认知调查

1. 您了解干旱灾害预报和预防信息的途径有＿＿＿＿＿＿

　　A. 当地气象站　　　B. 当地报纸　　　C. 村民相互传播才知道

　　D. 收音机　　　　　E. 电视　　　　　F. 村委会的通知告示

2. 您觉得天气预报准确吗？＿＿＿＿＿＿

　　A. 准确　　　　　　B. 一般　　　　　C. 不准确

3. 您会利用天气预报去改变决策吗？＿＿＿＿＿＿

　　A. 会（转第 3-1 题）　　　　　　B. 不会（转第 3-2 题）

　　3-1 如果会，体现在哪些方面？＿＿＿＿＿＿

　　A. 改变作物品种　　B. 改变播种日期　　　C. 改变播种面积

　　D. 改变肥料　　　　E. 其他

　　3-2 如果没有利用天气预报，为什么？＿＿＿＿＿＿

　　A. 没有获得天气预报的条件　　　　B. 对天气预报缺乏信心

　　C. 天气预报很难明白　　　　　　　D. 其他

4. 您对天气预报的信心如何？＿＿＿＿＿＿

　　A. 非常有信心　　B. 有信心　　C. 有一点信心　　D. 完全没信心

5. 每一年决定种植什么作物，您主要考虑哪些因素？＿＿＿＿＿＿

　　A. 生产成本　　　B. 耐旱程度　　C. 季节性的天气预测

　　D. 贷款利息　　　E. 其他

VII　农民对农业旱灾保险的意愿价格调查

1. 您是否愿意购买农业干旱保险？＿＿＿＿＿＿　A. 愿意　　　B. 不愿意

　　如果您不愿意购买干旱保险，主要原因是＿＿＿＿＿＿

A. 发生的时间较少　　B. 造成的损失不大

C. 没有钱买　　　　　D. 其他

2. 如果政府给予保险补贴，您愿意购买农作物干旱灾害保险吗？＿＿＿＿＿＿＿

A. 愿意　　　　　　　B. 不愿意（转第 2-1 题）

2-1 如果不愿意，原因是＿＿＿＿＿＿＿＿＿＿＿＿＿＿＿＿

3. 如果政府不提供保险补贴，您愿意购买干旱保险吗？＿＿＿＿＿＿＿

A. 愿意　　　　　　　B. 不愿意

4. 为了确实起到有效保障的作用，同时又能负担得起，您能够接受的保险费是
多少？（以水稻旱灾保险为例，您能接受的支付金额为）＿＿＿＿＿＿＿

附表 1　被调查者对水稻旱灾保险的支付意愿

作物种类	选项	政府补贴率/%	农户实际支付亩均保费/元	保费/元	保险金额/(元/亩)
水稻	A	20	16	20	200
	B	40	12	20	200
	C	60	8	20	200
	D	20	32	40	400
	E	40	24	40	400
	F	60	16	40	400

附录 Ⅱ　第 4、第 5 章部分数据

附表 2　2007 年孝感各县市数据资料

指标	孝南区	孝昌县	大悟县	安陆市	云梦县	应城市	汉川市
户籍人口/万人	93.4	66.5	63.0	62.2	60.9	65.9	109.9
地区生产总值/万元	555 275	336 671	442 604	526 290	626 612	715 617	1 209 696
第一产业地区生产总值/万元	128 369	130 871	129 456	153 128	157 969	197 471	279 968
农村居民全年均纯收入/(元/人)	4 284	2 754	2 888	3 816	4 527	4 598	4 354
工资性收入/(元/人)	1 627	1 126	1 277	1 387	2 009	1 599	1 407
第一产业纯收入/(元/人)	1 859	1 454	1 311	2 069	1 889	2 522	2 475
乡村从业人员合计/万人	29.35	27.29	11.73	12.46	14.25	9.65	13.91
其中，男/万人	15.67	14.5	13.99	11.89	14.67	13.36	24.67
女/万人	13.68	12.79	12.88	11.09	13.7	12.19	21.67

续表

指标	孝南区	孝昌县	大悟县	安陆市	云梦县	应城市	汉川市
外出务工/万人	8.63	15.61	6.36	8.17	11.54	6.13	6.56
外出从业人员小学及以下文化程度/万人	2.83	2.68	1.29	2.29	2.66	1.93	2.88
常用耕地资源/khm²	31.01	29.8	36.68	32.62	24.86	37.6	65
有效灌溉面积/khm²	29.01	22.48	16.43	26.99	24.28	37.6	59.58
财政总收入/万元	32 200	13 596	23 951	25 875	32 115	52 834	77 001
税收收入/万元	10 040	3 924	4 838	9 016	10 885	18 150	64 089
财政总支出/万元	54 620	39 032	46 432	49 701	48 510	58 000	85 532
教育支出/万元	15 798	15 692	13 603	15 056	15 625	17 174	24 051
医疗卫生/万元	4 715	3 107	1 541	3 326	2 481	2 993	5 993
人均 GDP/元	8 439	5 778	7 788	9 452	12 055	12 495	12 286
人口自然增长率/‰	6.63	5.41	4.15	5.52	4.01	2.97	4.60
婴儿死亡率/‰	2.44	9.47	8.47	6.36	7.85	6.21	3.66
农村合作医疗参保率/%	81	90	75	79	85	80	82
城镇居民家庭人均可支配收入/元	10 867	8 905	8 404	8 506	8 800	9 608	8 667
全社会固定资产投资/万元	218 833	188 463	196 446	258 244	224 082	293 230	358 225
金融机构存款余额/万元	1 406 692	258 135	392 914	464 454	378 308	540 114	588 837
金融机构贷款余额/万元	1 087 302	104 573	111 150	258 596	159 328	265 046	429 025

附表3　孝感市数据资料（1991～1997 年）

年份 指标	1991	1992	1993	1994	1995	1996	1997
户籍人口/万人	541.14	552.01	562.74	568.50	576	580.93	587.33
人口面积/（人/km²）	506.44	496.47	487	492	498	502.66	508
地区生产总值/万元	583 792	652 368	752 404	885 223	1 251 853	1 471 773	1 558 432
第一产业地区生产总值/万元	259 787	278 561	286 241	399 292	533 831	665 801	671 045
农村居民全年均纯收入/（元/人）	577	650	732	1 130	1 421	1 848	2 106
工资性收入/（元/人）	30	31	68	133	197	318	472
第一产业纯收入/（元/人）	420	449	501	859	1 000	1 267	1 270
乡村从业人员合计/万人	219.66	218.96	225.81	226.31	227.54	225	224.26
其中，男/万人	113.52	114.67	118.77	118.86	119.33	118.11	118.12
女/万人	106.14	104.29	107.04	107.45	108.21	106.89	106.14
常用耕地资源/khm²	296.41	293.83	291.90	290.76	289.86	289.04	288.54
有效灌溉面积/khm²	257.11	261.89	249.50	249.34	249.31	245.79	241.01

续表

年份 指标	1991	1992	1993	1994	1995	1996	1997
财政总收入/万元	39 784	45 135	51 608	60 098	72 196	88 917	106 013
财政总支出/万元	45 258	44 535	50 828	72 666	73 065	80 618	96 205
教育经费总支出/万元	13 393	16 354	18 879	26 950	28 846	20 873	29 109
人均 GDP/元	1 235	1 414	1 809	2 749	3 669	4 506	5 117
人口自然增长率/‰	16. 90	11. 60	11. 89	9. 72	10. 37	4. 14	4. 55
城镇居民家庭人均可支配收入/元	1 886	1 452	2 476	2 450	3 669	4 087	4 234
全社会固定资产投资/万元	49 243	140 793	184 904	254 562	453 800	455 462	455 361
金融机构存款余额/万元	226 625	343 109	372 589	638 554	844 744	1 125 274	1 223 286
金融机构贷款余额/万元	486 596	692 492	672 425	946 149	1 293 127	1 453 198	1 844 758
农村居民人均生活费总支出/元	565	619	748	977	1 241	1 627	1 810
食品支出/元	347	366	397	455	505	804	975

附表 4　孝感市数据资料（1998～2003 年）

年份 指标	1998	1999	2000	2001	2002	2003
户籍人口/万人	591. 85	597. 72	499. 56	505. 32	506. 32	508. 91
人口面积/（人/km²）	522. 13	517	561	563	568	567
地区生产总值/万元	1 578 133	1 683 094	1 943 165	2 136 405	2 368 252	2 678 117
第一产业地区生产总值/万元	696 036	713 931	722 089	728 200	759 800	813 400
农村居民全年均纯收入/（元/人）	2 227	2 292	2 316	2 356	2 444	2 552. 07
其中，工资性收入/（元/人）	488	595	642	675	739. 85	776. 22
其中，第一产业纯收入/（元/人）	1 285	1 161	1 090	1 102	1 203. 14	1 275. 26
乡村从业人员合计/万人	223. 54	224. 67	189. 1	190. 96	192. 36	191. 87
其中，男/万人	117. 74	117. 97	99. 26	100. 91	101. 04	101. 18
女/万人	105. 8	106. 7	89. 84	90. 05	91. 32	90. 69
常用耕地资源/khm²	287. 36	286. 80	247. 10	246. 71	242. 15	242. 84
有效灌溉面积/khm²	245. 95	248. 14	215. 96	215. 69	215. 61	214. 80

续表

指标 \ 年份	1998	1999	2000	2001	2002	2003
财政总收入/万元	127 618	148 018	137 766	173 031	174 367	183 932
财政总支出/万元	115 491	141 348	138 830	178 169	198 278	214 033
教育经费总支出/万元	32 668	84 813	75 774	91 112.2	103 117.2	114 114.7
人均GDP/元	5 716	4 729	5 221	5 748	6 209	6 768
人口自然增长率/‰	3.92	3.93	4.04	3.49	3.23	3.36
城镇居民家庭人均可支配收入/元	4 465	4 906	5 126	5 443	6 207	7 248
全社会固定资产投资/万元	121 742	749 287	746 673	880 353	813 938	902 109
金融机构存款余额/万元	1 375 313	1 533 700	1 644 801	1 757 342	2 000 903	2 346 602
金融机构贷款余额/万元	2 032 924	2 012 200	1 878 814	1 845 200	1 935 677	2 084 984
农村居民人均生活费总支出/元	1 692	1 609	1 551	1 545	1 747	1 822
食品支出/元	903	872	841	774	889	942

附表5　孝感市数据资料（2004～2009年）

指标 \ 年份	2004	2005	2006	2007	2008	2009
户籍人口/万人	507.22	506.01	514.6	521.8	525.1	528.7
人口面积/(人/km²)	569	568	578	586	589	593
地区生产总值/万元	3 227 130	3 602 305	4 041 500	4 807 900	5 930 600	6 728 800
第一产业地区生产总值/万元	884 825	944 960	995 900	1 091 400	1 317 100	1 451 700
农村居民全年均纯收入/(元/人)	2 874.22	3 028.29	3 336	3 915	4 635.53	5 131.82
工资性收入/(元/人)	864.37	979.88	1 200.17	1 498	1 911.31	2 092.05
第一产业纯收入/(元/人)	1 545.03	1 610.03	1 695.23	1 955	2 166	2 345.98
乡村从业人员合计/万人	193.81	195.46	200.23	208.42	215.52	220.45
其中,男/万人	101.86	103.07	105.48	109.63	114.3	117.33
女/万人	91.95	92.39	94.75	98.79	101.22	103.12
常用耕地资源/khm²	242.10	246.12	246.25	258	260.05	258.64
有效灌溉面积/khm²	216.33	218.49	215.81	216.79	221.6	223.7
财政总收入/万元	195 317	213 772	245 471	313 791	396 196	485 167
财政总支出/万元	232 782	279 511	339 664	439 263	543 998	669 730
教育经费总支出/万元	130 420.5	147 151.6	156 900.5	194 632.3	227 919.1	285 808

续表

年份 指标	2004	2005	2006	2007	2008	2009
人均 GDP/元	6 885	7 660	8 662	10 308.5	12 698	14 365
人口自然增长率/‰	3.66	3.71	5.47	5.19	5.04	8.39
城镇居民家庭人均可支配收入/元	6 618	7 839	8 635	10 867	12 419.3	13 562
全社会固定资产投资/万元	1 044 358	1 178 638	1 444 975	1 959 294	2 708 256	3 972 600
金融机构存款余额/万元	2 762 031	3 154 816	3 674 081	4 034 432	5 030 733	6 259 488
金融机构贷款余额/万元	2 193 580	2 245 154	2 386 491	2 415 671	2 438 081	3 182 619
农村居民人均生活费总支出/元	2 014	2 222	2 030	2 291	8 679	9 949
食品支出/元	1 092	1 134	731	845	3 684	3 883

英文缩略表

英文缩写	英文全称	中文名称
AHP	analytic hierarchy process	层次分析法
ANN	artificial neural network	人工神经网络
BP	back propagation	BP 算法
B-S Method	the Black-Scholes method	布莱克–斯科尔斯模型
CVM	contingent valuation method	意愿调查评估法
DEA	data envelopment analysis	数据包络分析
FAO	Food and Agriculture Organization of the United Nations	联合国粮食及农业组织
GIS	geographic information system	地理信息系统
GCM	global climate model	全球气候模式
IPCC	Intergovernmental Panel on Climate Change	政府间气候变化专门委员会
IFAD	International Fund for Agriculture Development	国际农业发展基金
MPCI	multipleperils crop insurance	作物多重险保险
OTC	over-the-counter	场外交易
PCA	principal component analysis	主成分分析
SPSS	statistic package for social science	社会科学统计软件包
TFX	Tokyo International Financial Futures Exchange	东京金融期货交易所
UNDRO	United Nations Disaster Relief Office	联合国救灾组织
WTP	willingness-to-pay	支付意愿
WFP	World Food Programme	世界粮食计划署
WRMA	Weather Risk Management Association	天气风险管理协会

后　记

这本著作是在我博士论文的基础上修改而成，博士毕业后我一直围绕着农业旱灾脆弱性、旱灾风险与农业保险展开研究。本书获得国家自然科学基金项目（编号：71173086）和湖北省社会科学基金项目（编号：2011LJ021）的资助，在此非常感谢国家自然科学基金委员会、湖北省社会科学基金委员会、华中农业大学和湖北工程学院，他们的支持保障了我能够以较高的质量完成研究。

2008年9月我有幸到华中农业大学攻读博士学位，3年求学生涯让我深深感受到了华中农业大学浓厚的学术氛围与严谨的治学态度与精神。这些都是我一生永远的财富。首先我要感谢我的导师陶建平教授，在3年紧张有序的研究生涯中，导师严谨的治学态度、广博的学识和探索真理、孜孜以求的科学精神，对我影响至深，并将激励我在以后的学习和工作中不断努力、奋力前行。从导师那里，习得的不仅是学术研究的思想和方法，更重要的是做人的道理，这些都给我莫大的教益，使我终身受用。在导师的指导下，我开始关注农业旱灾风险与管理领域，并慢慢地了解了这个领域的一些知识，渐渐地有了自己的思考。在本书的写作过程中，从选题到初稿再到定稿，都得到了导师悉心的帮助和指导。导师对本书的写作提出了很多宝贵的建议，在此我要向我的导师致以最衷心的感谢和深深的敬意。

在华中农业大学3年的求学生涯中，经济管理学院的许多领导、师长都给予了我关怀、支持和帮助，我要衷心地感谢他们对我的传道、授业、解惑，他们分别是王雅鹏教授、冯中朝教授、祁春节教授、刘颖教授、李崇光教授、张安录教授、张俊飚教授、易法海教授、周德翼教授、郑炎成教授、雷海章教授和蔡根女教授等。同时，特别要感谢易法海教授、雷海章教授、冯中朝教授、祈春节教授、刘颖教授，以及湖北省农业厅的焦泰文副厅长等在论文答辩中提出的宝贵意见，他们的学识、风范和品格永远是我的人生楷模。

我的工作单位——湖北工程学院经管学院的领导和同事们也给予我很多的支

持与帮助。在这里，我特别要向彭必源院长、胡金林院长、龙玉祥副院长、鲁德银副院长、王锋书记及李华老师等道一声谢谢！

我还要感谢我的家人，在生活上他们给予了我无微不至的悉心关怀，在学业中他们给予了我全力以赴的倾心支持，借此机会来表达我对他们的深深谢意。

我十分感谢科学出版社的领导、专家评审委员会、本书责任编辑林俊先生，以及其他工作人员的远见、肯定、支持与辛劳，并致以崇高的敬意。

若见书中任何不妥，或对本书存有争议，敬请各位读者、学者、前辈与朋友不吝批评指正。我一定虚心接受并予以改进。在此，我先致谢于您。

感谢所有帮助过我的人，感谢哺育我成长的大学。路漫漫其修远兮，吾将上下而求索。

程　静

2013 年 6 月 20 日